唯美山水画　多彩世园会

——2019 年中国北京世界园艺博览会园区规划

北京世界园艺博览会事务协调局　主编

中国建筑工业出版社

图书在版编目（CIP）数据

唯美山水画 多彩世园会：2019年中国北京世界园艺博览会园区规划 / 北京世界园艺博览会事务协调局主编. — 北京：中国建筑工业出版社，2019.4
ISBN 978-7-112-23433-2

Ⅰ.①唯… Ⅱ.①北… Ⅲ.①园艺 — 博览会 — 概况 — 北京 — 2019 Ⅳ.①S68-282.1

中国版本图书馆CIP数据核字（2019）第044269号

责任编辑：张伯熙 曹丹丹
版式设计：京点制版
责任校对：党 蕾

唯美山水画 多彩世园会——2019年中国北京世界园艺博览会园区规划
北京世界园艺博览会事务协调局 主编
*
中国建筑工业出版社出版、发行（北京海淀三里河路9号）
各地新华书店、建筑书店经销
北京点击世代文化传媒有限公司制版
北京富诚彩色印刷有限公司印刷
*
开本：880×1230毫米 1/16 印张：12¾ 字数：305千字
2019年4月第一版 2019年4月第一次印刷
定价：120.00元
ISBN 978-7-112-23433-2
（33735）

编写委员会

主　　编： 北京世界园艺博览会事务协调局

编写人员：

周剑平	叶大华	武　岗	王春城	林晋文	张兰年
董　辉	许　红	单宏臣	焦彧童	卢　峰	郭子亮
白彬彬	林志超	吴燕雯	程冠华	王　铄	陈　佳
杨　慧	徐静寰	张笑寒	马增楠	杨珺栩	李雨珂
肖守庆	邵　潄	周　默	刘霄阅	刘子渝	叶　楠
刘　韵	崔　硕	胡　洁	马　娱	王泽怡	殷柏慧
马　迪	吕建强	严　伟	侯　爽	王　贤	夏良庆
毛子强	董　璁	崔凌霞	孔　阳	张　杰	史丽秀
赵文斌	刘　环	赵新路	王　智	李占修	韩　磊
苏　驰	景　泉	黎　靓	田　聪	胡　越	游亚鹏
马立俊	郑世伟	史　倩	汪　恒	徐　超	孟瑞明
李　潇	袁丽娜	岳　超	李　伟	李　蒙	梁　涛
鹿　鹏	曾　宇	裴智超	黄　欣	蒋　璋	吕小佳

参编单位： 北京市城市规划设计研究院
北京清华同衡规划设计研究院有限公司
北京市园林古建设计研究院有限公司
中国建筑设计研究院有限公司
北京山水心源景观设计院有限公司
中国建筑科学研究院有限公司
北京中国风景园林规划设计研究中心
北京创新景观园林设计有限责任公司
北京市市政工程设计研究总院有限公司

前 言

2019 年中国北京世界园艺博览会（以下简称“世园会”）是经国际园艺生产者协会（AIPH）批准，国际展览局（BIE）认可，由中国政府主办、北京市政府承办的 A1 类世界园艺博览会，举办地位于中国北京市延庆区，举办时间为 2019 年 4 月 29 日至 10 月 7 日，办会主题是“绿色生活 美丽家园”。世园会园区位于延庆区城区西南部，东部紧邻延庆新城，西部靠近官厅水库，横跨妫水河两岸，距八达岭长城及海坨山约 10 公里，占地面积约 503 公顷。

“规划科学是最大的效益，规划失误是最大的浪费，规划折腾是最大的忌讳。”科学规划是世园会各项筹办工作的龙头和前提，按照组委会提出举办具有时代特征、中国特色、世界一流盛会的目标，在面向全球方案征集评选出优胜方案基础上，由多位院士领衔，在多领域专家的指导下，多家设计单位组成规划设计联合团队开展规划编制工作。园区综合规划按照“多部门合作、多学科融合、多环节联动、多专项支撑”的工作模式，充分借鉴历届博览会成功经验，博采众长，凝聚各方智慧；并充分传承和汲取《园冶》造园艺术，充分吸收中国博大精深的园林园艺文化精髓，反复研究论证，形成最终成果，报经执委会讨论通过，于 2015 年 12 月 23 日经组委会第二次会议审定。

园区规划坚持“生态优先、师法自然；传承文化、开放包容；科技智慧、时尚多元；创新办会、永续利用”的规划理念，以“弘扬绿色发展理念、彰显生态文明成果、推动园艺及绿色产业发展；按照《国际展览会公约》和《国际园艺展览组织规则》，举办一届独具特色、精彩纷呈、令人难忘的世园会；建设生态文明先行示范区和美丽中国展示区”为规划目标，园区规划结构布局：一心（核心景观区），两轴（山水园艺轴、世界园艺轴），三带（妫河生态休闲带、园艺生活体验带、园艺产业发展带），多片区（世界园艺展示区、中华园艺展示区、教育与未来展示区、生活园艺展示区、自然生态展示区等）。园区规划了“永宁瞻盛、海坨天境、隆庆花街、山水颂歌、九州花境、万芳华台、百松云屏、同行广场、千翠流云、丝路花雨、芦汀林樾、世艺花舞”世园十二景特色景致。

园区规划了中国馆、国际馆、生活体验馆、植物馆和妫汭剧场主要场馆，承担展览展示和论坛活动等功能。同时规划建设了 100 多个室外展园，汇聚全球超过 110 个国家和国际组织，国内 31 个省、自治区、直辖市及香港、澳门、台湾地区的展园；规划建设了百果园、百蔬园、百药园。邀请了国际知名景观设计师，自由创作了英国、丹麦、荷兰、日本、美国 5 个独具特色的景观展园。

“积力之所举，则无不胜也；众智之所为，则无不成也。”自 2014 年编制规划至今，每位世园会人坚守规划、实施规划，坚持一张蓝图干到底，绘就的规划蓝图正在变成美景。2019 北京世园会是向世界展示我国生态文明建设成果、促进绿色产业国际交流与合作的重要舞台，是弘扬绿色发展理念、推动经济发展方式和居民生活方式转变的一个重要契机，也是建设美丽中国的一次生动实践。2019 北京世园会宛如中国通向世界的一扇绿色窗户，向世界传递了“绿水青山就是金山银山”的绿色理念，向世界展示了中国的园艺之美、生态之美、人文之美。

目 录

第一章
综　述

第一节　背景

2019 年中国北京世界园艺博览会（英文名称：International Horticultural Exhibition 2019 Beijing China）是 2012 年 9 月 29 日国际园艺生产者协会批准，2014 年 6 月 11 日国际展览局第 155 次全体大会认可，由中国政府主办、北京市承办。博览会将于 2019 年 4 月 29 日至 2019 年 10 月 7 日在中国北京市延庆区召开，展期 162 天。

2014 年 2 月 11 日，2019 年中国北京世界园艺博览会组委会召开第一次全体会议，同年 10 月 28 日，北京世界园艺博览会事务协调局举行了揭牌仪式。

2019 年中国北京世界园艺博览会（以下简称：2019 北京世园会）是继 1999 年昆明世界园艺博览会、2008 年北京奥运会和 2010 年上海世界博览会之后，我国举办的级别最高、规模最大的专业 A1 类世界博览会。

第二节　概况

1. 选址

2019 北京世园会位于北京市域西北部，距离市区约 74 公里，距离昌平新城以及河北怀来、赤城县约 35 公里，延庆区西南部，东部紧邻延庆新城，西部紧邻官厅水库，横跨妫水河两岸，距离八达岭长城和海坨山约 10 公里，西距康张路 750 ~ 1000 米，北至妫河森林公园北边界 – 延农路，东至延庆新城规划集中建设用地边界，南至百康路（图 1–2–1 和图 1–2–2）。

图 1–2–1　市域层面

图 1–2–2　区域层面

2. 范围

2019 北京世园会园区位于延庆区妫水河沿岸，总面积 960 公顷。园区划分为围栏区、非围栏区和世园村三部分。其中，围栏区用地面积约503公顷，非围栏区用地面积约399公顷，世园村用地面积约58公顷。

3. 定位

2019北京世园会是向世界展示我国生态文明建设成果、促进绿色产业国际交流与合作的一个重要舞台，是弘扬绿色发展理念、推动经济发展方式和居民生活方式转变的一个重要契机，也是建设美丽中国的一次生动实践。要办出具有时代特色的精彩盛会，展现大国首都新时代的新形象。

4. 获奖

（1）2017年IFLA规划分析类杰出奖

2017年11月，国际风景园林师协会亚太地区分会2017年会（2017 IFLA Asia-Pacific Regional Congress）在泰国曼谷隆重举行。北京世界园艺博览会事务协调局会同北京市规划和自然资源委员会、北京市园林绿化局、延庆区组织编制的"2019年中国北京世界园艺博览会园区综合规划"荣获2017年IFLA规划分析类杰出奖（最高奖）（图1-2-3）。

图1-2-3　2017年IFLA规划分析类杰出奖获奖证书

评委会对规划方案做出高度评价：“2019 年中国北京世界园艺博览会园区综合规划是一个非常出色的总体规划，对区域生态环境进行了全面深入的分析。在规划之初就进行了广泛的场地调研，以评估机遇和挑战，通过多专业合作，先进的工具和技术应用保障了工程的精准度，方案非常巧妙地利用世园会的契机对周边区域进行长远性改造提升的做法是十分值得赞扬的”。

（2）2018 年北京市绿色生态示范区

2018 年 12 月 11 日在 2018 北京市绿色建筑发展交流会上，2019 北京世园会园区荣获“2018 年度北京市绿色生态示范区”称号，会上还举行了北京市绿色生态示范区的授牌和签约仪式（图 1–2–4 和图 1–2–5）。

大会对 2019 北京世园会的获评表示充分肯定：“2019 年中国北京世界园艺博览会充分体现了生态、文化、科技、创新的办会理念，具有北京特色，体现出国际一流和谐宜居之都的建设方针。从技术准备、方案呈现以及最后效果等方面都具备一套完整体系。生态基底良好，充分利用现状山水林田肌理，保留原有树木 5 万株；引入生境营造理念，提升园区生物多样性，展现出传统东方文化和现代时尚文化的融合。并充分注重了展会后可持续利用，具有示范和推广意义”。

图 1–2–4　2018 年度北京市绿色生态示范区奖牌

图 1–2–5　2018 年度北京市绿色生态示范区获奖证书

第三节　历程

1. 申办阶段（2014 年）

2014 年，北京世界园艺博览会事务协调局组委会组织开展了园区选址规划、交通保障规划、规划方案征集工作。

（1）园区选址规划

2014 年 1 月 9 日，北京市政府专题会议原则同意了园区规划选址方案，并将选址规划的成果纳入申办报告。依据申办报告，园区位于延庆区妫水河沿岸，总面积 960 公顷。选址规划确定：园区西边界距康张路 750 ~ 1000 米，北边界至妫水河森林公园北边界 – 延农路，东边界至延庆新城规划集中建设用地边界，南边界至百康路。

（2）交通保障规划

继规划选址纳入申办报告后，交通保障规划的成果也纳入了申办报告，本次交通规划对客流规模进行了预测，承诺以京张城际高铁、京藏高速、京新高速、兴延高速作为对外交通的主要联系通道，并完善周边路网，成为后续规划设计的重要基础依据（图 1-3-1）。

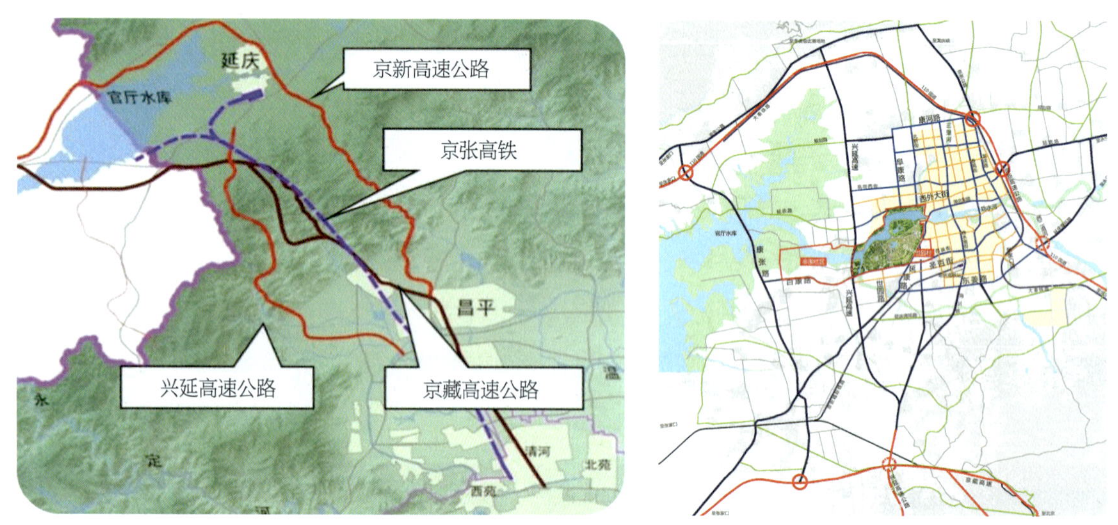

图 1-3-1　2019 北京世园会交通规划示意图

客流规模预测。申报 2019 北京世园会时承诺世园会会期客流规模将达到 1600 万人次。本次规划预测 2019 北京世园会会期客流规模将达到 2500 万人次。其中，高峰日客流将达 24 万人次，设计日客流达 19 万人次。服务设施等依据设计日客流进行配套建设。

对外交通保障。为保障 1600 万人次的承诺客流，在现状京藏高速公路的基础上，需加快建设京张城际延庆支线、兴延高速公路、京新高速公路（出京方向）三条对外联系通道。为实现 2500 万人次客流规模，必须通过加大公交力度实现集约出行；在不同圈层设置截流小汽车停车场，改变出行结构；加强交通需求管理，减少极端高峰日与平日客流的级差。通过调整每日客流分布，保证最大客流高峰不超过 24 万人次，各类交通设施按照设计 19 万人次的客流规模设计。

完善园区周边路网。在园区周边新建西玉路、阜康路、圣百街、东姜路及世园路等干路系统，提级改造百康路、康张路、延康路、西外大街及康河路等道路，形成园区与外围三条高速公路联系的网状联络线系统。

（3）概念方案征集

按照征集程序，2019 北京世园会组委会组织了 10 家国内外顶级规划设计单位，开展世园会园区概念性规划方案征集工作。以孟兆祯院士、尹伟伦院士领衔，中国国际贸易促进委员会、中国花卉协会、园林、规划、市政、建筑、水务等 17 名专家共同组成的专家团队，对应征方案进行了评审，从 10 个方案中评选出了 3 家优胜方案（图 1-3-2）。

图 1-3-2 2019 北京世园会概念性规划方案方案评审会

对征集的 10 个概念性规划方案进行系统的研究和整理，深度挖掘和梳理每个方案的亮点，包括世园会展览研究、案例借鉴分析、规划理念、场地利用、水面的利用、园区功能分区、园区结构、园艺设计、展览方式创新、游览设计、出入口设置、园区交通组织、智能交通设计、服务设施规划、服务设施规划、竖向设计、生态设计、园艺小镇设计、会后利用等，为园区综合规划方案的设计打下坚实的基础（图 1-3-3 ~图 1-3-5）。

图 1-3-3 2019 北京世园会概念性规划方案 - 优胜方案 B02

图 1-3-4　2019 北京世园会概念性规划方案 – 优胜方案 B03

图 1-3-5　2019 北京世园会概念性规划方案 – 优胜方案 B07

2. 综合规划阶段（2015 年）

2015 年，为了完成《园区综合规划及周边基础设施规划方案》，由北京世界园艺博览会事务协调局统筹，延庆区配合，中国国际贸易促进委员会、中国花卉协会指导，顾问组、规划组、交通组、建筑组、园林景观组、生态绿化组、水资源组、展览组等专家集体研究，北京市城市规划设计研究院技术总负责，中国建筑科学研究院、北京市市政工程设计研究总院有限公司等多家规划设计单位参与，共开展了 25 个大项、62 个专项的规划工作。

通过建筑方案征集、控制性详细规划、文化景观研究、多媒体介绍短片、园艺小镇规划、非围栏区规划、展览展示规划、建筑意向城市设计、概念性综合规划、围栏区景观规划、世园村规划设计、科技专项规划、园区内道系统规划、交通仿真模拟、市政专项规划、火车站接驳规划等专题的规划与研究，汇总形成了《园区综合规划及周边基础设施规划方案》。

2015 年 6 月 26 日，北京世界园艺博览会事务协调局、北京市规划和自然资源委员会、北京市国土资源局、北京市园林绿化局、延庆区联合上报市政府《关于提请审议〈2019 年中国北京世界园艺博览会园区综合规划及周边基础设施规划方案〉的请示》。

2015 年 8 月 5 日，北京市政府专题会议“研究并原则同意北京世园局提出的关于 2019 年中国北京世界园艺博览会筹备工作的请示，由其根据会议意见修改完善后组织实施”。

2015 年 10 月 24 日，北京市委专题会议听取并原则同意《2019 年中国北京世界园艺博览会园区综合方案及周边基础设施规划方案》，并要求进一步修改完善，上报执委会审议。

2015 年 12 月 4 日，2019 北京世园会举行了第一次执委会，会上原则同意《2019 年中国北京世界园艺博览会园区综合方案及周边基础设施规划方案》，并要求 2016 年上半年开工建设。

《2019 年中国北京世界园艺博览会园区综合方案及周边基础设施规划方案》在顺利取得北京市相关部门及组委会 37 个成员单位意见，并通过了北京市委市政府相关会议后，于 2015 年 12 月 23 日最终通过了 2019 北京世园会组委会审议。

3. 规划实施阶段（2016 年）

开展的规划设计工作于 2016 年相继完成，包括园区控制性详细规划、围栏区总图设计及报审、专项规划、工程设计以及建筑设计方案等。2016 年 3 月完成了园区控制性详细规划报审和世园村控制性详细规划的编制等；4 月完成了围栏区总图设计、园区竖向规划、园区总体种植规划、园区配套服务设施规划、建筑方案请示与报审等；5 月完成了围栏区总图设计方案以及世园村控制性详细规划的报审等；6 月完成了园区内道路定线、展园设计控制导则、园区消防规划、交通道路设计、市政专业工程设计、公共景观工程设计等；9 月完成了公共安全与防灾避险规划、园区绿色遮阴系统规划等；12 月完成了园区声景系统规划、公益性场馆建筑施工图设计、经营性场馆建筑施工图设计、世园小镇建筑施工图设计、公益性园区配套服务设施规划布局方案、经营性园区配套服务设施建筑设计等。

第二章

园区总体规划

第一节　规划理念

1. 指导思想

贯彻落实党的十八大关于推进生态文明建设的战略部署；贯彻落实党的十八届五中全会提出的创新、协调、绿色、开放、共享的发展理念；贯彻落实习近平总书记视察北京重要讲话精神；贯彻落实京津冀协同发展规划纲要；贯彻落实组委会第一次会议精神。

2. 规划目标

弘扬绿色发展理念、彰显生态文明成果、推动园艺及绿色产业发展；举办一届独具特色、精彩纷呈、令人难忘的世园会；建设生态文明先行示范区和美丽中国展示区。

3. 规划理念

（1）生态优先、师法自然

充分尊重现有生态及景观环境，充分利用现状的山水林田肌理，保护提升现有生态系统，使森林、水系、湿地三大系统和谐共生，对园区进行合理布局、优化空间、满足功能、节约成本。

（2）传承文化、开放包容

继承传统优秀文化，充分展示中国近三千年的园林艺术、园艺文化，弘扬时代精神，创新性地向世界展现中国神韵、中国风格、中国气派。在园区中部西侧打造一条具有东方神韵的山水园艺轴，东侧搭建融和绽放的世界园艺舞台，使现代园艺与丰富多彩的世界文化在这里完美结合。

（3）科技智慧、时尚多元

运用新品种、新工艺、新技术，将园艺与科技融合。在新一代物联网、大规模设备协同控制等技术的基础上，以海量数据为核心，提供全面的智慧手段，保障世园会的管理、服务与运营。

（4）创新办会、永续利用

推动园区绿色产业发展，充分利用市场机制搭建区域旅游发展框架。会后园区将发展旅游业、园艺花卉产业、养老休闲度假产业，助推京津冀绿色产业发展。结合周边特色旅游资源发展，将园区打造成为区域性大型生态公园、园艺产业的综合发展区、京北区域旅游体系的重要组成部分，构建完整的旅游服务体系和延庆春、夏、秋、冬“四季旅游”框架（图 2-1-1 和图 2-1-2）。

图 2-1-1 规划前

图 2-1-2 规划后

第二节 规划特色

1. 园区规划特色

2019 北京世园会紧紧围绕生态文明先行示范区和美丽中国展示区的规划目标，力求突出五个方面的特色。

（1）体现以人为本的世园会

本届世园会将重点突出绿荫游览体验（图 2-2-1）。设计园艺林荫停车场、林下等候安检区，在主要游线设计林荫景观大道，提供各类遮荫空间。规划 8 公里长的妫河生态休闲带，形成自然的森林氧吧，解决参观者无处可静、无地休息的游览之忧。

（2）体现文化多元的世园会

园区规划根植于中国传统文化，传承近三千年园艺精华，展现中国神韵、北京特色、园艺特点。同时，

图 2-2-1　绿荫游览

放眼于世界多元文化，以开放包容的姿态汇聚百家之长，为世界各国园艺提供竞相绽放的舞台，满足不少于 100 个官方参展者（国家和国际组织）、100 个非官方参展者（国内省区市及国内外企业）的参展需求。

（3）体现科技创新的世园会

发挥首都科技创新中心优势，激发企业科技创新动力。我们与中关村产业联盟合作，在园区规划中融入智能终端显示、机器人人机交互、全息投影、分子育种等高新科技，丰富展览展示方式，提供独具特色、丰富多样的参与互动体验，实现游、学、乐相结合。利用“互联网 +”、大数据分析等先进技术手段，打造智慧世园。

（4）体现生态提升的世园会

本着未来生态功能发挥最优的原则，采用循环节约型生态水系统、生态湿地净化等先进技术手段，建设海绵园区；科学配置植物种类与数量，形成丰富多样的生物群落，使园区成为市民亲近自然、体验绿色生活的最佳去处。

（5）体现产业发展的世园会

立足会后利用，规划园艺产业发展带。将花、果、蔬、茶、药等产业前沿技术和文化集中展示，提供园艺产品交易推广的优质平台，切实推动园艺走进大众日常生活。形成园艺产业的集聚区，结合疏解非首都功能，拉动体育、文化、旅游休闲、生态农业等功能承接。创建一年一度的北京花展品牌，建设万花筒项目，协同冬奥会成功申办带来的群众对冰雪运动的广泛参与，打造全天候京西北黄金旅游带的新热点，带动京津冀园艺、旅游等绿色产业进入跨越发展期。

2. 规划工作机制

为了加快推进园区规划设计工作，在前期概念性规划方案征集工作的基础上，制定 2019 北京世园会规划设计工作方案，并通过了北京世界园艺博览会事务协调局局长办公会的审议。

规划工作的理念是由多部门合作，多学科融合，多环节联动，多课题支撑。工作的方法是由政府统筹、专家领衔、多方协调、市民参与、科学规划。具体方式为北京世界园艺博览会事务协调局统筹，延庆区配合，中国国际贸易促进会、中国花卉协会指导，专家集体研究，北京市城市规划设计研究院技术总负责，多家规划设计单位参与。

2019 北京世园会规划设计工作方案创新性地将规划项目管理与设计行业监管相融合；政府统筹推进与专家技术把关相融合；项目前期规划与后期建设实施相融合。同时，通过会议推动进度，规划组织方式科学，及时提炼规划成果。仅在 2015 年就组织召开 32 次规划例会和 28 次专题会，每周组织召开规划设计单位例会，随时组织召开技术研究专题会，阶段组织召开专家技术评审会，遇重大决策问题上报局长办公会。

综合规划方案总结见图 2-2-2。

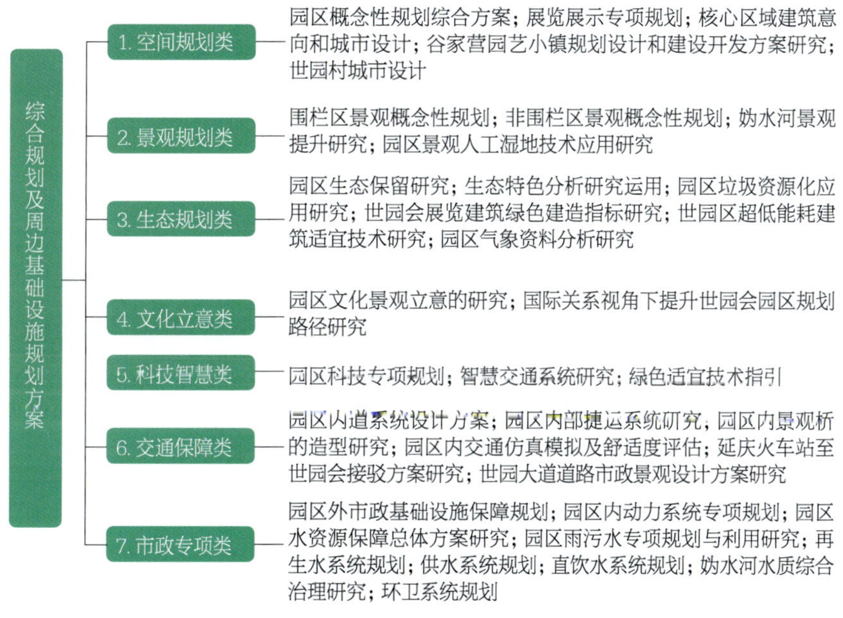

图 2-2-2　综合规划方案总结

第三节　综合规划

1. 园区规划分区

基于生态保护、环境改善和会后利用的需求，落实围栏区、非围栏区和世园村三大分区。其中，围栏区用地面积约 503 公顷，集中展示世界园艺文化、园艺科技及绿色生态环境，会期实行收费管理；非围栏区用地面积约 399 公顷，是绿色生活、绿色产业体验区，展示村庄自然面貌，并为围栏区提供配套设施和交通疏散场地；世园村用地面积约 58 公顷，是会前、会时参展人员办公及住宿配套服务区，会时指挥管理中心和交通组织中心。

2. 园区功能结构

规划综合考虑展览需求、交通流线、市政配套、园林景观等多种因素，顺应自然地形地貌特点，充分利用现状山水格局，形成“一心，两轴，三带，多片区”的园区整体结构布局（图 2–3–1）。

图 2–3–1　园区规划结构示意图

一心：即核心景观区，位于围栏区中心位置，是园内最主要的游赏组织区。包括妫汭湖、天田山、永宁阁、中国馆、国际馆以及妫汭剧场。

两轴：以冠帽山、海坨山为对景，形成正南北向的山水园艺轴和近东西向的世界园艺轴。

三带：沿妫河生态休闲带、串联各大场馆的园艺生活体验带、绿色园艺科技产业发展带。

多片区：围栏区内的融和绽放展示区（世界园艺展园）、盛世花开展示区（中国园艺展园）、心灵家园展示区（自然生态展园）、生活园艺展示区（世界园艺小镇 + 人文园艺展园）、教育与未来展示区（园艺科技展园 + 儿童园艺展园）；非围栏区的花卉生态示范区、农业观光体验区、绿色生活体验区、生态湿地体验区、生活园艺展示区等。

3. 园区总体设计方案

总体园区规划设计方案呈现“园艺盛会，世界舞台”的主题（见图 2–3–2）。

（1）围栏区

围栏区设置 10 个入口，包括 1 个主入口，8 个次入口和 1 个 VIP 入口。

围栏区内规划五大场馆（包括中国馆、国际馆、植物馆、生活体验馆和妫汭剧场）和一处园艺小镇。其中，中国馆是展示中国园艺发展史和高新品种及园艺技术的室内展览场馆，建筑面积约 2 万平方米；

图 2-3-2 园区鸟瞰图

国际馆是围绕“绿色生活，美丽家园”主题的国际室内展览场馆，建筑面积约 2 万平方米；植物馆是集中展现各气候带的特色植被以及稀有濒危植物的国际室内展览场馆，建筑面积约 2 万平方米；生活体验馆是利用高科技手段展示世界园艺发展历史以及园艺改变生活等主题的室内展览场馆，建筑面积约 2 万平方米；妫汭剧场是可封闭的临时建筑，用于世园会开幕式、闭幕式以及各种形式的演出活动，建筑面积约 0.6 万平方米；园艺小镇在现状谷家营村的村舍基础上改造提升而成，建筑面积约 6 万平方米。图 2-3-3 为围栏区规划平面图。

围栏区内包括：一个核心景观区、两条园艺景观轴、三条园艺景观带和五个园艺景观展示区。

① 核心景观区：凤衔牡丹，花开妫河

核心景观区位于围栏区中心位置，是园内最主要的游赏组织区。

核心景观区取材尧舜治理妫水，开创华夏文明盛世的典故，形成“凤衔牡丹，花开妫河”的主题，象征着祥瑞、美好、富贵和光明。“妫”者，从女，从为。女者，尧的女儿，舜的妻子；为者，以手牵象，象服于人——最初的妫字，形似女子手牵大象。关于妫的记载可见《史记》、《魏土地记》、《山海经》等，妫汭：即妫水弯曲的地方。本园所处位置便在妫水转弯处。在尧舜的治理下，华夏古国进入继炎黄之后的鼎盛时期，“上下咸让，百工致功，百谷时茂，百姓亲和，凤凰来翔”的社会渐渐形成。

核心景观区包括中国馆、国际馆、妫汭剧场、草坪剧场、妫汭湖等重要景观节点。天田山、永宁阁画龙点睛，形成核心景观区的标志性景观。草坪剧场滨临妫汭湖，搭建了一座融合绽放的园艺世界舞台；妫汭湖与妫水河串联，形成一片连绵水泽。

图 2-3-3　围栏区规划平面图

② 山水园艺轴：一首东方神韵的山水园艺诗篇

山水园艺轴位于核心景观区西侧，全长1.2公里，南起主入口，北眺冠帽山，以风、雅、颂为题，谱写一首东方神韵的山水园艺诗篇。风，即山水农耕，以诗经国风体现民情；雅，即山水比德，以自然来比喻人的仁德功绩；颂，即山水颂，寓意感恩自然，歌颂自然。轴线上的山水林田湖组成了生命共同体。

③ 世界园艺轴：一幅绚丽多彩的世界风情画卷

世界园艺轴位于核心景观区东侧，全长1.4公里，南临延康路，北至妫水河，远眺海坨山。通过蝶恋花理念与流动线条的蝴蝶铺装表达国际风情，引种各国花卉，打造绚丽国际的园艺景观；提取蝴蝶元素，展现花引蝶舞的设计理念；抬高部分地形，营造层花叠现的画面意境；增加趣味小品，完善丰富多样的功能需求。

④ 妫河生态休闲带：自然野趣的生态休闲水岸

妫河生态休闲带沿妫水河布局，全长约8公里。规划保护生态水源地，构建景观生态网络，加强生态廊道的连通性，增加生物多样性，营造全生境的生态链，增强生态安全防护，提升自然生态环境的同时提供观赏价值。

⑤ 园艺生活体验带：丰富多彩的游园体验带

园艺生活体验带串联了五大场馆、一个园艺小镇、两个次要入口和各大功能展园，全长约4公里。沿途设置三大景观段落，分别讲述了植物的萌发与生长，东西方植物的传播，自然界中的人、动物与植物的故事。

⑥ 园艺产业发展带：绿色科技的产业发展带

园艺产业发展带沿园区与城市建设区衔接之处布局，全长约9公里。沿途设置企业展园、园艺超市和植物温室等设施，规划贯彻市场化、国际化和节俭创新理念，旨在促进园艺产业发展。

⑦ 五大园艺景观展示区

包括融和绽放展示区（世界园艺展园）、盛世花开展示区（中国园艺展园）、心灵家园展示区（自然生态展园）、生活园艺展示区（世界园艺小镇＋人文园艺展园）、教育与未来展示区（园艺科技展园＋儿童园艺展园）五个展示区。

（2）世园村

世园村内布局园区管理中心、世园酒店、公寓式酒店、世园村公寓、休闲商业带、交通枢纽、广场与停车场和中心绿地。

园区管理中心承担会时园区应急指挥中心和交通指挥中心等功能；世园酒店、公寓式酒店、世园村公寓、休闲商业带用于满足会前会时参展人员办公、住宿及相关服务配套的需求；交通枢纽、广场与停车场主要服务于会时交通组织需求；中心绿地主要为现状林地保留而成。世园村规划平面图见图2-3-4。

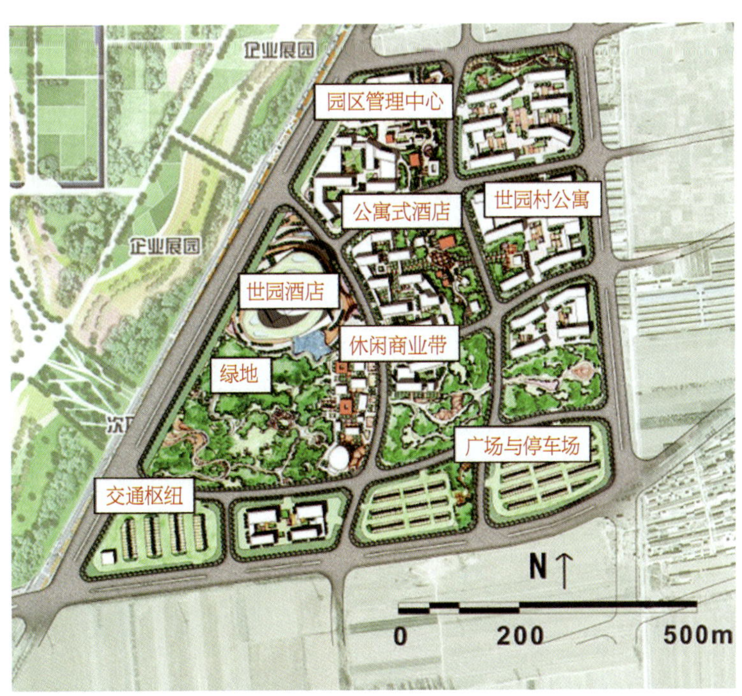

图2-3-4　世园村规划平面图

（3）非围栏区

非围栏区是展示美丽乡村建设典范的重要景观区，在自然生态基底上，布局花卉生态示范展区、观光农业体验区、绿色生活体验区和生态湿地体验区四类展示区。非围栏区规划平面图见图2-3-5。

图2-3-5 非围栏区规划平面图

非围栏区内保留大丰营村、小大丰营村、大路村三个村庄的村庄居住用地，通过提升环境品质、改善生活配套水平、促进产业升级，在会时、会后展示村庄特色风貌。

4. 园区建设规模

参照历届各类世园会园区建设案例，本着节俭办会，统筹考虑会后永续利用的原则，围栏区建筑面积约26～35万平方米，其中：展馆建筑面积约8～12万平方米，包括中国馆、国际馆、生活体验馆、植物馆、妫汭剧场，按照国际承诺和惯例，承担室内园艺展览和世园会开闭幕式、演出活动等功能；配套服务设施建筑面积约8万平方米，包括门区票务、餐饮、厕所、零售、医疗服务等功能；园艺小镇建筑面积约5～8万平方米，紧扣“绿色生活 美丽家园”的办会主题，主要承担展示家庭生活中的园艺功能；园艺产业配套商业建筑面积5～7万平方米，主要承担园艺展示产品商业交易功能。

世园村保留现状林地7.2公顷，配套设施用地22.3公顷，建筑面积约35万平方米。按照国际承诺要求，预计官方参展者（含国家和国际组织）数量不少于100个，其他参展者（国内各省、市、自治区参展）数量不少于100个。世园村为了满足世园会各个参展国家和地区工作人员的办公和生活需要，设有办公、住宿、酒店、应急指挥中心、交通枢纽等功能。

5. 园区村庄利用

李四官庄村位于核心景观区，计划对村庄进行整体搬迁，在园区外围择地安置，在园区内安排村民的就业，使村民共享举办盛会的果实。谷家营村位于围栏区内的妫水河南岸，计划将村民迁出安置，对其原址进行适度整理和改造提升，包括改善设施水平和提升整体环境品质，并植入功能，在世园会期间作为园艺村，塑造园艺生活的空间特色，演绎中国乡村的诗意情怀。大丰营村、大路村、小大丰营村三个村庄位于非围栏区，计划保留这些村庄原址，就地提升村庄环境品质，改善生活配套水平，促进产业升级，为村民提供更多的就业选择。将这三个村庄打造成为生态、生活、生产联动发展的范本，塑造美丽乡村建设典范。

6. 会后可持续利用

会后，园区将转型为区域性大型生态公园，成为京津冀西北部地区旅游体系的重要组成部分，连同八达岭长城、崇礼、承德等地，打造多日黄金旅游线路（图 2-3-6）。加强与崇礼的联系，构建冬奥旅游环线，打通北部旅游线路，延拓到河北、内蒙古，与木兰围场、承德共同构建北京北部黄金旅游环线，使延庆城区完成旅游提档升级，成为延庆的旅游集散中心。同时，创建一年一度的北京花展品牌，连同周边地区，成为园艺产业的集聚区，并承担园艺科研、生产、展示、交易等功能。实践新型运营管理模式，为冬奥会预留空间。

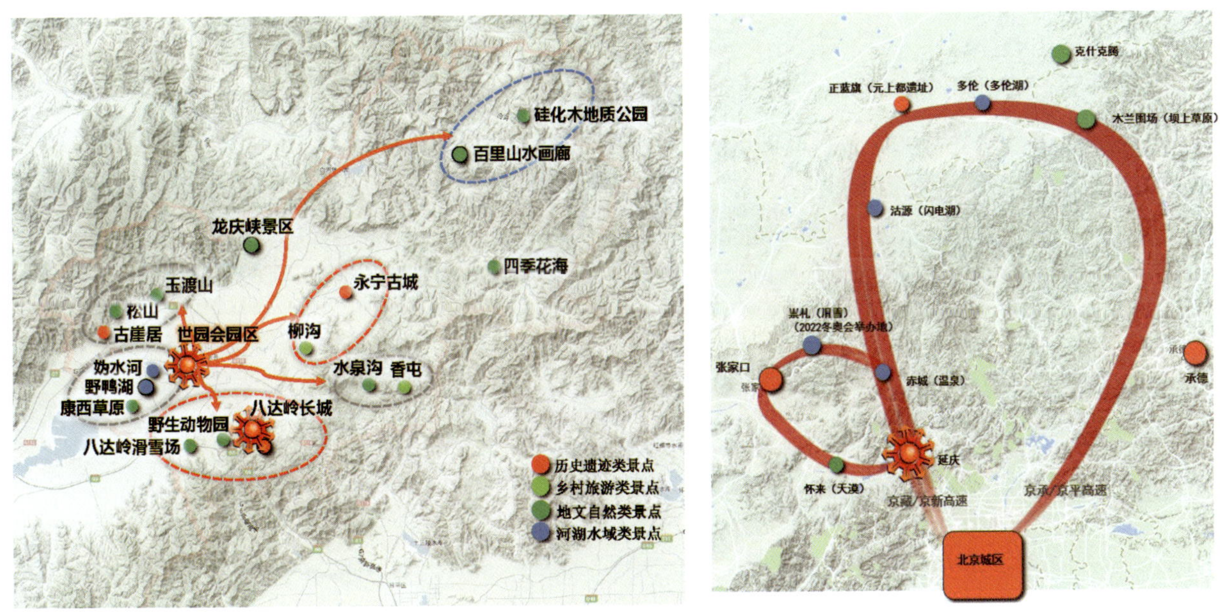

图 2-3-6　会后延庆旅游资源空间体系示意图

园艺小镇，将成为设计师创作、展示的聚集地；并兼具养老、休闲等功能，成为最专业最全面的园艺疗法体验地，吸引不同年龄层的园艺爱好者。

植物馆，将结合现有的地热资源，吸引企业投资，建设展览温室，丰富冬季北京旅游市场；中国馆作为北京花展的主展馆，保留论坛、新闻发布、会展等功能；国际馆建设成为中国园艺交易中心，搭建园艺产品研发、培育、交易平台；生活体验馆作为市民环保意识的园艺体验中心。

7. 园区专项规划

（1）园内交通规划

依托先进技术和智能管理，打造以人为本的复合交通系统，并充分展现园艺特色元素，为游客提供安全、舒适、便捷的交通服务。

打造“一心、一环、四圈”的交通组织结构（图 2-3-7）。其中，“一心”为环绕核心展区的交通环，串联了中国馆、国际馆、妫汭剧场以及中国展园和国际展园；“一环”在现状环湖南路的基础上，形成环绕整个围栏区的交通干线，串联诸多展园和场馆；“四圈”主要承担各大展示区内部的交通组织，在每个“圈”内形成与用地功能布局相适应的网络化步行系统。

图 2-3-7　园内交通组织方案

合理组织园区人行、车行和货运交通，针对不同游客的游览需求，组织“3 小时—7 小时—两天”三类精品园艺游览线路。

结合园艺展示设置特色交通工具。如在核心区设置花车巡游等。

结合人性化的需求在主要交通流线和停留区设置遮阳设施。如沿园艺生活体验带设置遮阳廊架，在环湖南路保留现有林地设置林下休憩区等。

（2）配套设施规划

通过人性化、精细化、智能化、与园艺展示一体化的配套服务设施建设，为游客提供安全、舒适、便捷、美观的观展体验。

根据以往办会经验和相关规范，以 2019 世园会展会期间的空间布局、功能与建设规模、交通组织、游客量等情况为基础，以“按需定量，适度集中”、“兼顾平峰，弹性应对”、“便捷服务，满足客流需求”、“集约复合，分级建设单元”、“统筹会后，兼顾运营”、“特色突出，强化园艺主题”六大原则，对配套服务设施的需求进行科学测算，并预留弹性，确保展会期间与会后运营顺利进行。

北京世界园艺博览会作为大型展会的接待规模和行为特点，同时充分理解配套服务设施的使用需求。根据设计客流 19 万人次 / 天的标准进行了餐饮、购物等一般性服务设施，以及咨询导览、医疗救护的规划。在进行厕所设施规划时，考虑到这项需求具有较强的特殊性，按照高峰客流 24 万人 / 天的标准进行配置与规划（图 2–3–8）。

图 2–3–8　北京世园会客流空间分布预测

规划包括集中固定设施、分散固定设施和临时设施（含移动式补充设施）。其中，集中固定设施分布在四大场馆（植物馆、中国馆、国际馆、生活体验馆）、生活小镇和产业带，总建筑面积 1.7 万平方米（图 2–3–9）。分散固定设施分布在园林绿地范围内，总建筑面积 1.7 万平方米（图 2–3–10）。临时设施总建筑面积约 2.9 万平方米（图 2–3–11 和图 2–3–12）。

（3）展园规划

根据对国际组织的办会承诺：“2019 北京世园会办会期间，官方参展者数量不少于 100 个（包括

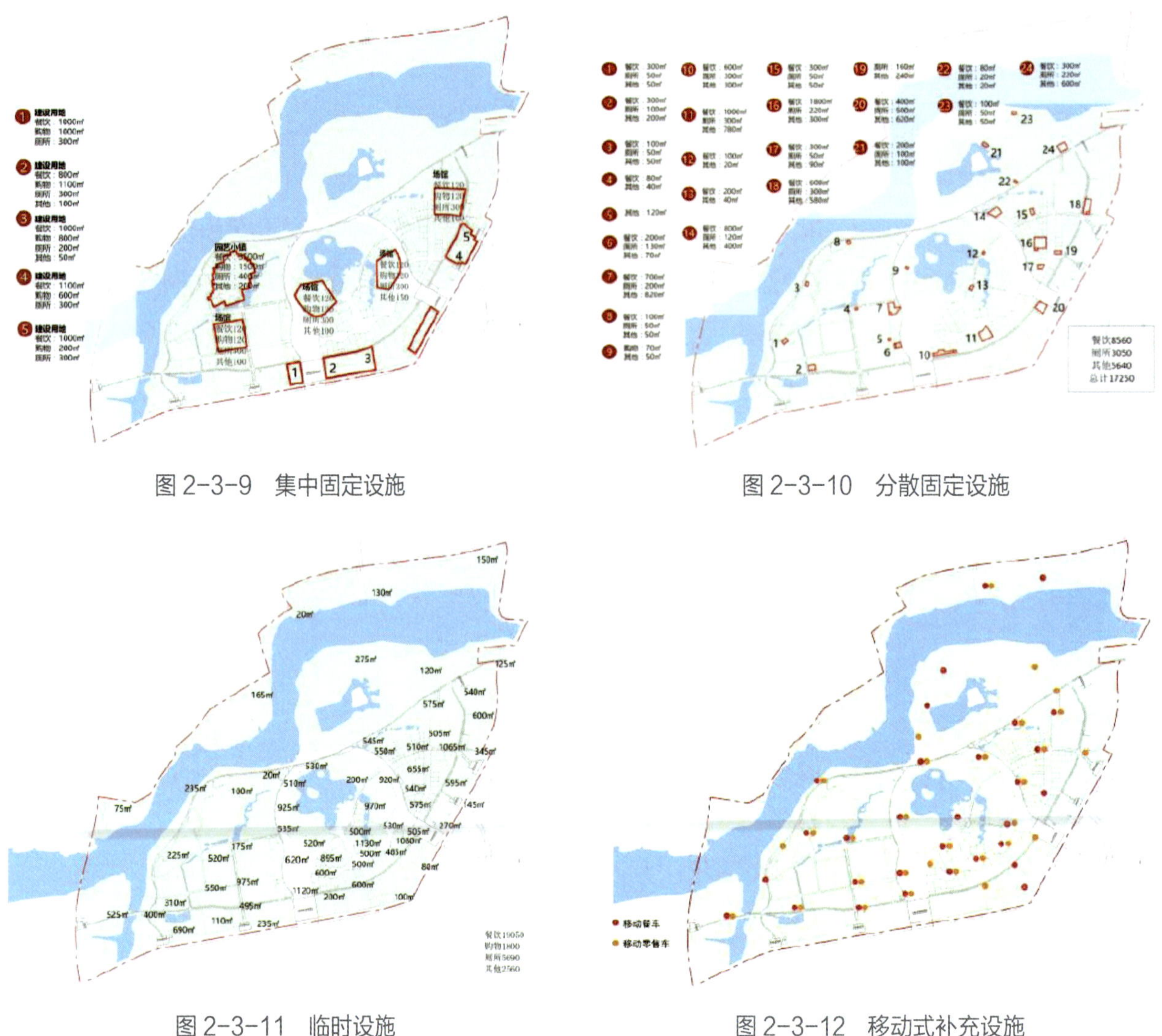

图 2-3-9　集中固定设施

图 2-3-10　分散固定设施

图 2-3-11　临时设施

图 2-3-12　移动式补充设施

国家和国际组织)；非官方参展者数量不少于 100 个（包括国内各省、区、市参展者，国内外参展企业和个人)”，规划设置了世界园艺展示区（国际展园 50 余个)，中华园艺展示区（中华展园 34 个)，园艺产业发展带（企业展园 5 个)，教育与未来展示区（大师园 5 个，儿童园和企业园等)，生活园艺展示区（百果园、百草园、百蔬园等)，并预留了弹性场地。展园布局图见图 2-3-13。

（4）山形水系规划

规划传承中国传统叠山理水艺术，借鉴以往办会经验和优秀园林实践，依托延庆优良的大山大水格局，充分利用园区竖向条件、植被和水文地质资源，提出了北京世园会园区竖向规划的总体理念、原则，即:“充分尊重现状”、“借景远山近水”、“注重景面文心”、“山水气脉贯通”。规划最大限度地保留现状大树和场地原状高程，尽量减少场地扰动，局部挖湖堆山，塑造天田山和妫汭湖，形成核心山水景观；借景大山大水，将海坨山、冠帽山引入园区，形成内外联动的景观层次。场地文脉与世园会文化有机融合，主湖妫汭湖围绕“舜居妫汭”的故事展开，讲述了古时“百谷时熟，百姓亲和，凤凰来仪”的尧舜时代和如今的“百果千花，万国齐聚，把酒欢歌、融合共庆”的园艺盛会，古今对话，

图 2-3-13　展园布局图

文脉传承。主山天田山采用梯田的形式，将中国传统山水文化与中国园艺农耕文化结合，是世园会特色的体现，并将成为宝贵的世园遗产。竖向规划图见图 2-3-14。

（5）种植总体规划

植物景观与园艺展示规划从场地现状出发，保护现状植被群落，紧紧围绕“绿色生活　美丽家园”的办会主题，打造绿色林荫空间，建设美丽家园。紧紧抓住“让园艺融入自然　让自然感动心灵”的办会理念，以艺术手法表达园艺内容，营造自然气息的山水园艺大花园；努力实现“世界园艺新境界　生态文明新典”的办会目标；以最新园艺植物材料展示高精尖世界园艺水平；以中国园艺植物回归，展现中国园艺文化；以高科技园艺展示，引领园艺未来发展方向。

1）生态策略

充分利用现状植被资源，构建绿色生态大本底。保留大树和林带，构建生态安全格局，同时留住乡愁记忆。园区内共保留约 5 万株乔木，5 公里林荫大道。形成大面积林地景观和绿色背景，并提供了绿荫游赏骨架。

充分利用乡土植物，丰富物种多样性。构建稳定的植物群落，营造四季分明、特色突出的绿色园

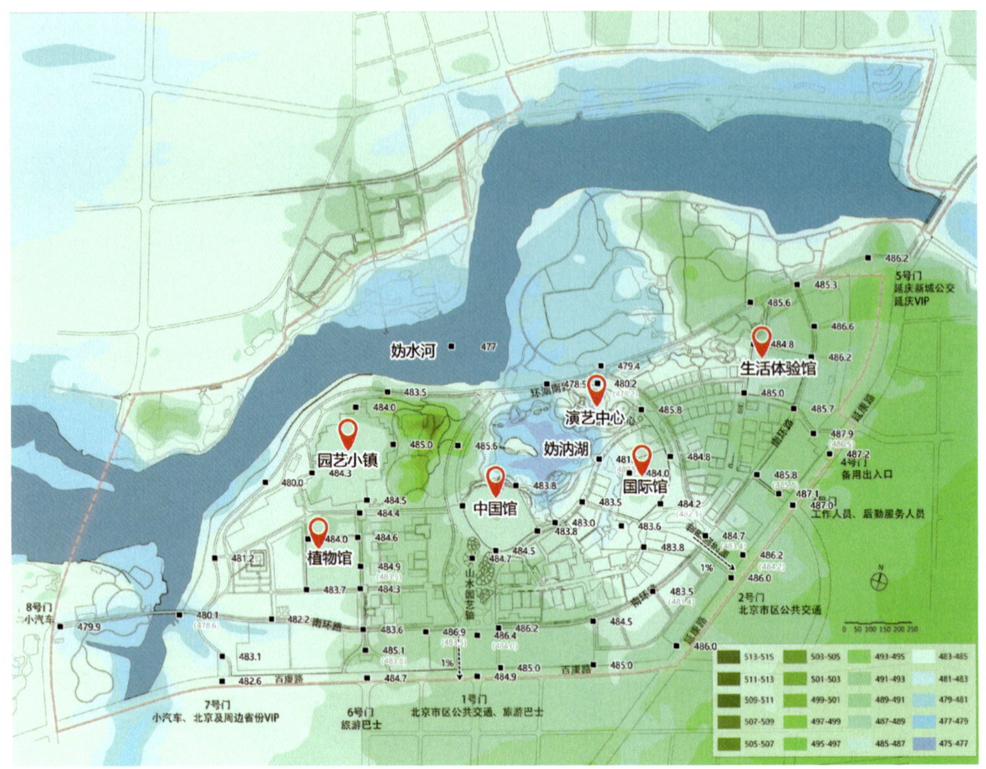

图 2-3-14　竖向规划图

区。共计栽植乔木 41932 株，灌木 354545 株，一二年生花卉 61522 平方米，宿根花卉 210322 平方米，乡土地被 544935 平方米，草坪 433143 平方米。

其中，乡土乔木共有 50 多种，主要有油松、国槐、元宝枫等，背景林带主要采用乔灌草复层搭配模式，以北京乡土植物群落为准则，构建以高大乡土树种为主、结构自然、地带性群落特点突出的林地景观。运用异龄、复层、混交的种植手法营建近自然异龄林、近自然混交林、近自然复层林，形成物种丰富多样的生态林景观。乡土灌木约 25 多种，主要有黄栌、文冠果、丁香等。灌木多采用大面积片植，植于路缘、林缘，形成连片、壮阔的植物群落，在观赏期为游人提供大尺度的景观效果。少量组团式植于花境、特色花园，充当地被花卉的背景。乡土地被有苔草、结缕草、委陵菜等节水耐旱型乡土草本植物，形成易维护的自然生态景观。

适当选用延庆地区生长良好的新优植物品种。坚持适地适树原则，贯彻落实增彩延绿理念，展示国际最新、最高的园艺水平。园区共使用 70 多种新优乔木，槭树类银红槭“秋艳”表现最好，成活率高、长势旺盛，金叶复叶槭、金叶榆、金叶国槐、北美海棠类长势优良，表现良好。

2）绿色空间

从四大策略构建绿色空间。结合总体规划结构和空间特征，构建背景林；突出绿荫游赏体验，建立主要道路广场林荫体系；演绎展区主题，塑造各区特色植物景观风貌；展示特色园艺，突出主题花卉景观。总体形成轴线树阵统领气势，开阔花海舒展空间，背景密林构筑骨架，疏林草地奠定底景，园艺花园感动心灵。

在两轴三带、主入口广场、展馆入口广场等规划林荫景观大道和林荫集散广场。适当选择大规格、发芽早、冠大荫浓的乔木，形成园区绿色走廊，达到绿荫游赏的景观要求。结合园区游客聚集地，两轴、各展示区等规划大尺度的园艺主题空间。

山水园艺轴。营造出百松云屏、万芳华台、国槐大道、银杏步道、元宝枫林等绿荫空间。

世界园艺轴。世界园艺轴保留国槐、毛白杨等树 60 余棵，形成 50 多米长的林荫大道、搭配种植彩叶植物营造出夏季绿荫、秋季炫彩的特色景观轴线。

妫河生态休闲带。保留现状毛白杨林、旱柳林、刺槐林，形成绿色背景和骨架，打造生态自然的林荫空间。在道路两侧大量种植海棠，形成缤纷多彩的游赏廊道。

园艺生活体验带。主要选择金叶榆、金叶复叶槭等金色叶大乔木，形成一条金色飘带。林下主要搭配丁香等耐荫开花灌木，营造休闲放松、明亮芬芳的游赏廊道。

园艺产业体验带。种植国槐、油松大乔木搭建绿色骨架，提供绿荫游赏。在路缘种植月季，形成市树、市花绿荫匝地，多彩浪漫的游赏廊道。

妫汭湖核心景观区。保留现状毛白杨，营造青杨洲景点，环湖绿地主要选择元宝枫、银红槭、银白槭、金叶榆，成组团配置，营造彩色林和滨水花境，打造精致、恬静的滨水景观。

中华园艺展示区。展园公共区是展园的重要的交通枢纽，通过种植元宝枫、银杏等形成多条绿色通廊，提供绿色休闲空间。

世界园艺展示区。保留现状单棵乔木 110 余株，片林 12950 平方米，保留现状林荫路长达 300 多米。通过植物与铺装紧密结合，既满足交通又保证绿荫需求，打造重要的展园枢纽绿色空间。

生活园艺展示区。利用现状毛白杨林、刺槐林等大树，结合种植茶条槭、丁香、山桃、太平花等植物丰富背景林带，为果林、菜园、花田以及展园搭建绿色背景，营造中国田园风光。

自然生态展示区，整体保留大部分的现状乔木、灌木。结合现状水系展示生态自然的水景景观。

3）园艺展示

2019 世园会以“世界园艺新境界、生态文明新典范”为目标，打造一届国际性的园艺盛会。将汇集 2000 多年来中国传到世界各地的各类植物品种，重点体现中国名花的展示和应用，世界名花的展示和应用、“一带一路”园艺文化传播，“增彩延绿”植物的展示和应用。世园会园区将以园艺植物为载体体现国家社交礼仪文化、民族文化、市花市树文化、饮食起居文化、诗词歌赋园艺文化、园艺产业文化等，同时促进园艺科技的发展。

山水园艺轴。以中国传统名花为特色，突出牡丹、芍药等，以北京市市花月季、菊花为主，采用“花田”的形式，打造震撼的花卉景观。

世界园艺轴。引种各国花卉，打造绚丽国际的园艺景观；提取蝴蝶元素，展现“花引蝶舞”的设计理念；抬高部分地形，营造层花叠现的画面意境。

妫汭湖核心区的九州花境景点以牡丹、月季等中国十大名花为主题植物展示中华名花文化，世界芳华景点以世界名花为主题，展示世界园艺最新科技水平。“一带一路”花园以沿线 65 个国家的特色花卉为主，展示中国同世界各国文化的融合与交流。

天田山核心区。建设“五谷丰登、山花烂漫”的梯田式花田景观，传承与展现农耕文明的生态智慧。

中华园艺展示区。通过“梅兰竹菊”四个人口及同行广场特色花卉配置，展现我国悠久浓厚的花文化。

世界园艺展示区。使用银红槭、银白槭、北美海棠、欧洲丁香、日本绣线菊、大叶绣球等引进品种，营造世界园艺氛围。结合国际展园营造国际风情，展示世界特色园艺文化。

生活园艺展示区。保持现有的杨树林荫效果，增加宿根花卉山桃草 + 松果菊组合的野趣花卉，营造自然花带的道路景观。

自然生态展示区。主要通过湿地景观的营造，打造返璞归真的休闲场所，展示生态文明建设的理念。

4）工程实施

世园局相关部门、各设计单位开展苗木调研，世园局协调各部门、各单位与延庆区相关部门举办苗木会议，对接种植工作（图 2-3-15、图 2-3-16）。同时引进世园会苗木服务商，如乡土植物企业、新优植物、“增彩延绿”苗木研发企业和科研机构。开展各项课题研究，为工程企业顺利进场施工和后期绿化效果提供技术保障。

图 2-3-15　总体种植规划图

图 2-3-16　三带种植规划图

第四节　生态世园

延庆具有得天独厚的自然资源、优良的人居环境、丰富的旅游资源以及快速发展的绿色产业，是首都北京的绿色屏障和生态涵养发展区，极大地推动了北京生态文明建设，加快了区域城市化进程。

世园会作为大型国际盛会，充分展示了中国文化和延庆特色，带动区域协调发展，形成生态产业发展新模式。加快建设美丽延庆，努力建设山更绿、水更净、天更蓝、空气更清新、人民更幸福的美丽延庆，开创自然生态、可持续发展的首都新气象。对世园会进行合理的生态规划，不仅能充分利用现状自然资源，整治现状环境，还能对生态环境进行修复，全面实施生态文明发展战略，打造示范性生态世园。

1. 生态保留

为尊重园区场地已有的自然生态环境，防止建设性破坏，避免重复性建设，节约环境资源，减少投资，使生态系统有效循环、稳定运行，同时提升园区景观，进行了《生态特色分析研究》和《现状生态保留研究》。

（1）现状总体分析和评价

现状生态景观机理相对较好，有大片的林地、水系、农田等。通过对植被、水系、土壤、生物等进行分析，目前园区景观丰富度相对不足，景观生态安全格局需要加强（图 2–4–1）。

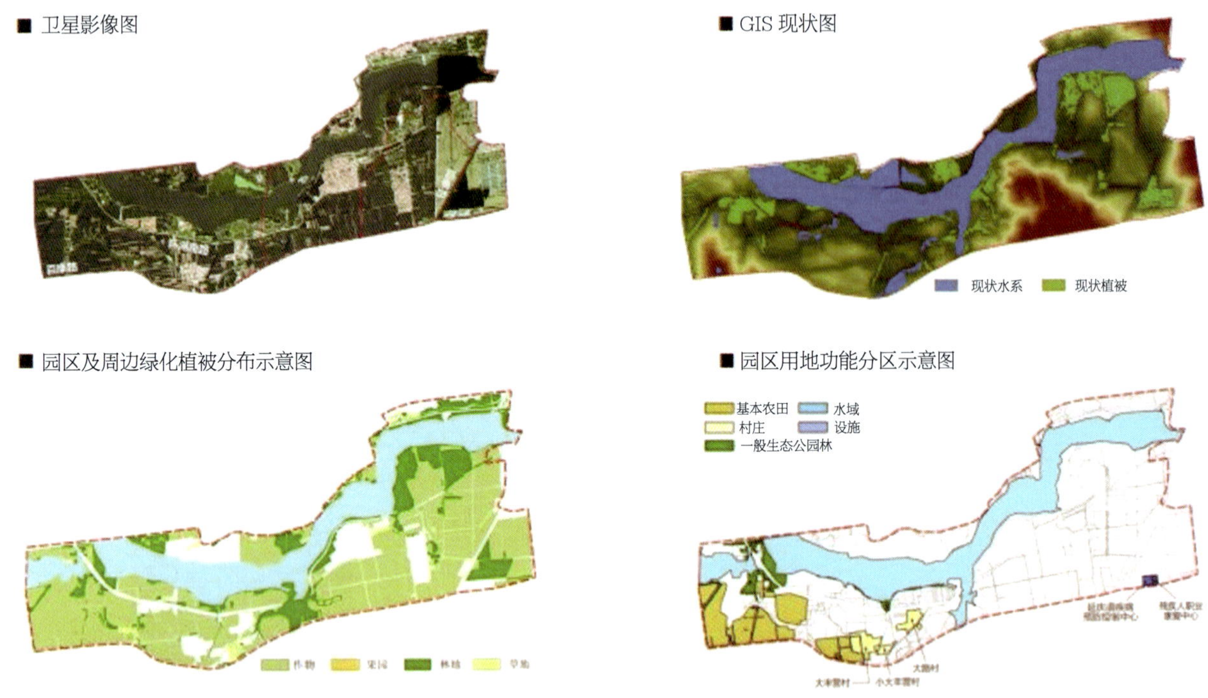

图 2-4-1 现状分析

（2）生态保留总体策略

在生态环境信息调查研究的基础上，通过植入生态斑块、廊道、基质等生态理念，划定园区现状保留的区域范围，并针对该区域的物种类型情况进行统计研究。现状保留的范围要保证全园生态系统完整性，使全园生态系统能有效地循环运行，能够做到自我调节、自我修复、自我完善（图 2-4-2）。

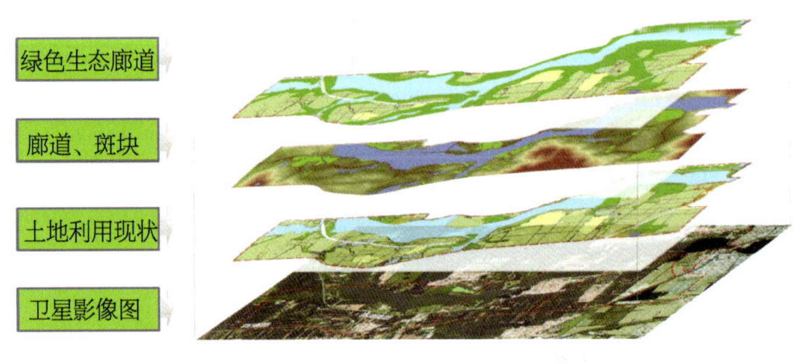

图 2-4-2 生态保留总体策略

（3）保留和完善植被系统

现状条件：园区内现有植被生长良好、姿态优美。场地北侧妫水河森林公园内主要分布有密林，以杨树、杏树为主，间以种植柳树、松树和桃树等树种，同时辅以经济果林；北侧以密林、湿地为主，南侧以农田为主，同时部分道路上分布着株型优美的行道树。妫水河绿化带分布有连片林地，大部分为杨树林，作为妫水河森林公园的景观园林绿化；妫水河两岸分布有大片水生植物，主要为芦苇；

妫水河、三里河两岸拥有天然湿地景观，河水蜿蜒，农田作物主要有玉米等；行道树多以槐树、杨树、杏树为主。

优势：园区片状分布有一些林地植被，生长较好，形成一定的生态群落关系。

不足：一方面生态系统完整性不够，园区植被主要以片状、线状、点状分布，没有形成统一的整体；另一方面生态系统稳定性不够，园区植被主要以毛白杨、国槐等人工林为主，形式单一，林相匮乏，没有形成多层次的生态群落结构。湿地水生植物主要以芦苇为主，自我净化功能较弱，生态效益较差。

保留策略：保留现状植被资源不被破坏，保留现状树木约 5 万棵；保留现状植被群落不被干扰；保护现状大树、古树名木不被砍伐；完善植被生态系统，创造绿色生态本底，新增乔木约 5 万棵，新增灌木约 13 万棵（图 2–4–3 和图 2–4–4）。

图 2–4–3 现状植被保留策略

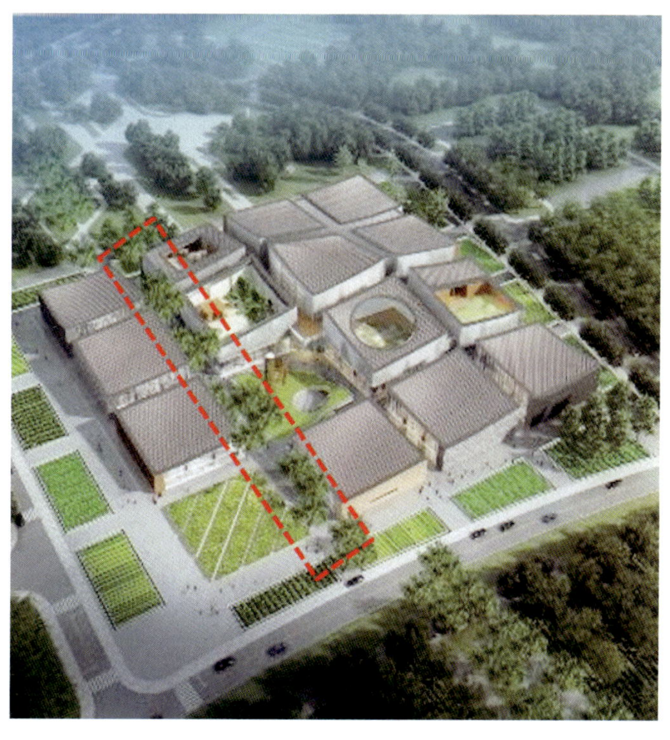

图 2–4–4 生活馆柳树保留

（4）保留和构建生态水脉

现状条件：园区内水域总面积为273.74公顷，有妫水河、三里河、鱼塘、水渠和湿地等（图2-4-5）；水利设施有污水厂和提水站。园区内妫水河水域面积为189.2公顷，河岸两侧保留有原有林地、植被等；园区北侧有三里河，水域面积为26.6公顷，河道蜿蜒曲折，自然风貌保留完好，水质优良；园区内鱼塘主要分布于场地西侧，鱼塘面积为46公顷；园区水渠面积为11.94公顷，水渠长度为530米。园区内东侧为污水处理厂，妫水河两岸分布着多处提水站，以供农田灌溉。

图2-4-5　水系现状图

优势：水体分布广泛，类型丰富。

不足：水域生态系统不够完善，除妫水河外，其他水系多是鱼塘和水渠，没有形成整体水系脉络和骨架。

保留策略：保护生态水域面积不减少、生态水系驳岸不破坏、生态水系水质不污染，构建湿地缓冲区，保护妫水河两岸湿地，同时营造滨水物种栖息环境，设置雨水花园、植草沟等，建立农业面源污染控制带（图2-4-6～图2-4-8）。

（5）土壤保持与改良

现状条件：现状土壤主要是沙性土壤为主，妫水河驳岸局部有一些石砾土，其特点是矿物质丰富、质地适中、疏松多孔，但是稳肥性差（图2-4-9），土壤pH值大体在6～7左右。

优势：大面积土层较厚，为植物生长提供了基础。

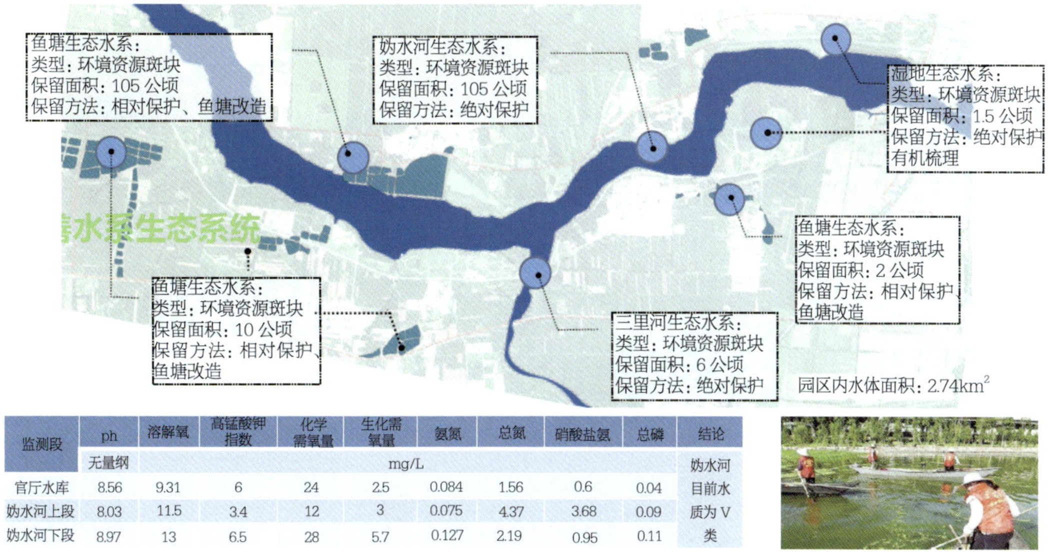

监测段	ph	溶解氧	高锰酸钾指数	化学需氧量	生化需氧量	氨氮	总氮	硝酸盐氨	总磷	结论
	无量纲	mg/L								妫水河目前水质为Ⅴ类
官厅水库	8.56	9.31	6	24	2.5	0.084	1.56	0.6	0.04	
妫水河上段	8.03	11.5	3.4	12	3	0.075	4.37	3.68	0.09	
妫水河下段	8.97	13	6.5	28	5.7	0.127	2.19	0.95	0.11	

图 2-4-6　妫水河生态水系保留策略

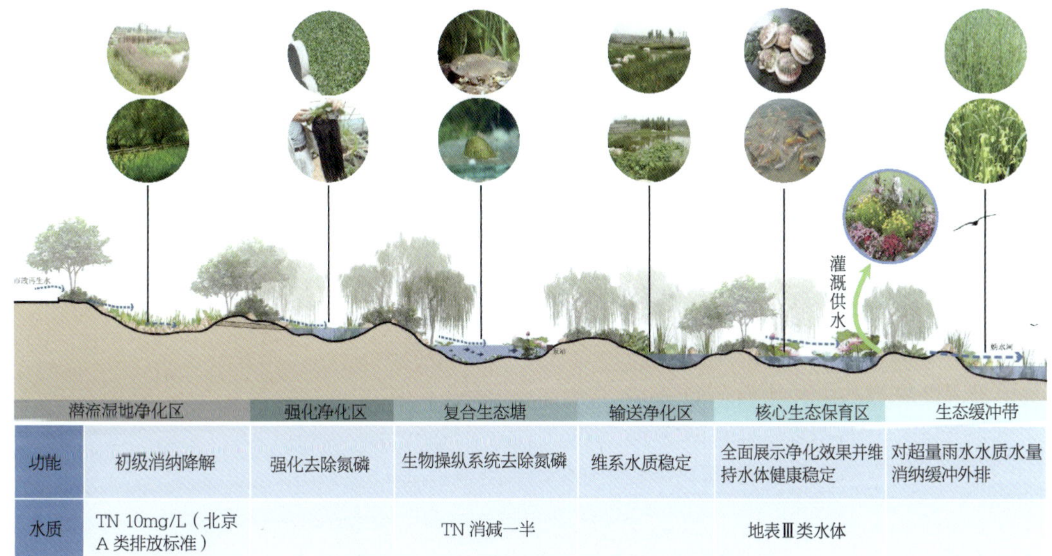

潜流湿地净化区	强化净化区	复合生态塘	输送净化区	核心生态保育区	生态缓冲带
功能：初级消纳降解	强化去除氮磷	生物操纵系统去除氮磷	维系水质稳定	全面展示净化效果并维持水体健康稳定	对超量雨水水质水量消纳缓冲外排
水质：TN 10mg/L（北京A类排放标准）		TN 消减一半		地表Ⅲ类水体	

图 2-4-7　妫水河生态湿地净化策略

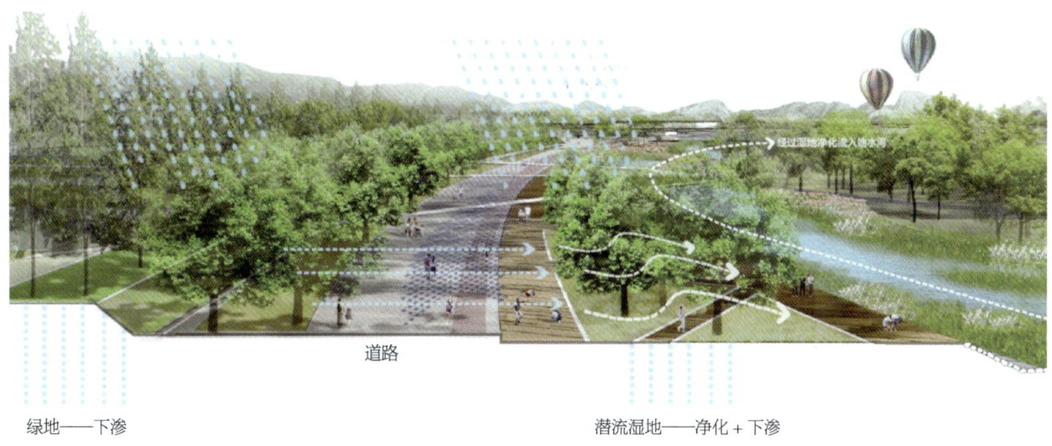

图 2-4-8　妫水河水系防污控制示意图

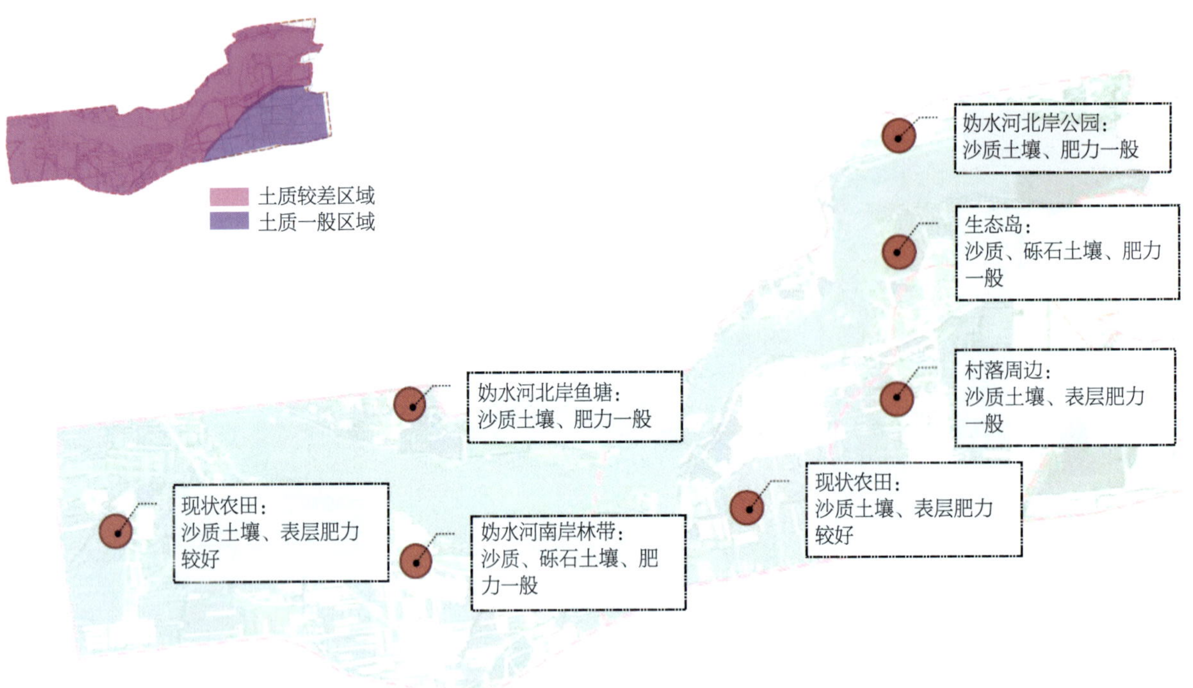

图 2-4-9　土壤现状

不足：现状土壤质地条件较差，大部分花灌木种植区域需要改良。

保留策略：截留污染源，避免土壤受到水系、农药、化肥等污染；测定土壤的肥力和 pH，在不同的生境布置若干点位，各生境不少于 5 个，取 0 ~ 20cm、20 ~ 40cm 两层土壤，进行检测。同时，保护并增加园区自然肥力，防止水土流失，增加人工肥力，对贫瘠的土地进行人工土壤改良（图 2-4-10）。

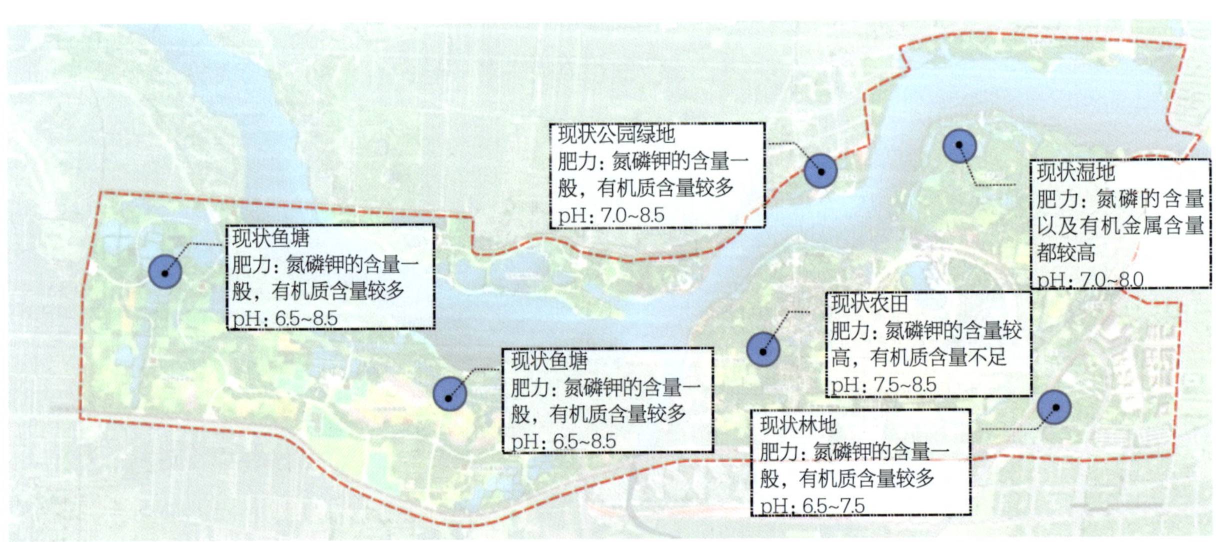

图 2-4-10　土壤保持与改良策略

2. 生物多样性

规划基于对区域不同生物的栖息地选择研究。筛选合适的目标物种，结合场地特征与景观功能分区，选择适宜的区域，遵循低扰动开发策略、以近自然化改造的方式来丰富区域物种，提升区域生态系统的稳定性，同时增加游园趣味，实现科普宣教的功能目标，打造生动的生态世园景观，营造多样化的生物生境。达到低扰动开发、近自然化改造和丰富生物多样性，提升科普宣教功能的目标。

（1）生境营造目标与依据

目标一：物种的重要生境保护与优化——低扰动开发。根据调研结果显示，场地现状的环境质量本底较好，需要注重保护三叶黄丝蟌、长叶异痣蟌等对生境质量要求较高且城区绿地罕见的物种，部分区域实施低扰动开发，同时更新绿地管理模式。

目标二：单一人工林的病虫害风险规避——近自然化改造（图 2-4-11）。场地内大面积杨树林，存在植被物种单一、生物多样性水平较低、病虫害风险较高的问题，亟须通过近自然化改造、改善和提升林地自我修复的能力，实现场地可持续发展。

图 2-4-11 园区北部林地拍摄照片

目标三：丰富生物多样性，提升科普宣教功能。区域良好的自然本底与生物多样性为场地提供生境营造的潜力（图 2-4-12），与展园及城市绿地在空间上的距离，是生境营造场地与生物多样性科普宣教展示区的最优选择。

（2）营造思路

首先，结合当地生物及场地特征，调查现有的生物群落、生物种类及数量。根据调研结果，筛选当地常见鸟类、鱼类、蝴蝶、蜻蜓、蜜蜂及青蛙等生物作为生境营造的目标物种（图 2-4-13），划定保护区域不被破坏，禁止人为干扰，通过植物的配置与主要环境因素的优化或改造，为目标物种提供觅食、庇护以及繁衍的场所，满足其栖息与生存的环境需求。从而创建多样化生物生境，丰富生物群落，完善生物循环系统（图 2-4-14）。

图 2-4-12　生物群落

分类		其他潜在物种名称
鸟类	陆禽、攀禽、鸣禽	喜鹊、灰喜鹊、小鹀、烟腹毛脚燕、家燕、褐柳莺、黄眉柳莺、灰斑鸠、棕头鸦雀、普通翠鸟、山斑鸠、白头鹎、灰椋鸟，星头啄木鸟、东方大苇莺、戴胜、金翅雀、北椋鸟、白喉针尾雨燕、红喉姬鹟、树麻雀、云雀、大斑啄木鸟，大山雀、燕雀
	涉禽与游禽	夜鹭、小鸊鷉、白鹭、雉鸡、绿头鸭、鹊鸭、赤麻鸭、斑嘴鸭、苍鹭
蝴蝶		金凤蝶、丝带凤蝶、白钩蛱蝶、黄钩蛱蝶、蓝灰蝶、红珠灰蝶、橙灰蝶、东亚燕灰蝶、贝眼蝶、蟾眼蝶、东亚豆粉蝶、花弄蝶、柳紫闪蛱蝶、红灰蝶、多眼灰蝶、牧女珍眼蝶、矍眼蝶、大红蛱蝶、小红蛱蝶
蜻蜓		三叶黄丝蟌、长叶异痣蟌、小斑蜻
两栖类		黑斑蛙
蜜蜂		

灰斑鸠　红喉姬鹟　蓝灰蝶　灰椋鸟　金翅雀　白鹭　碧伟蜓　东亚燕灰蝶　黄钩蛱蝶　普通翠鸟

图 2-4-13　目标物种筛选

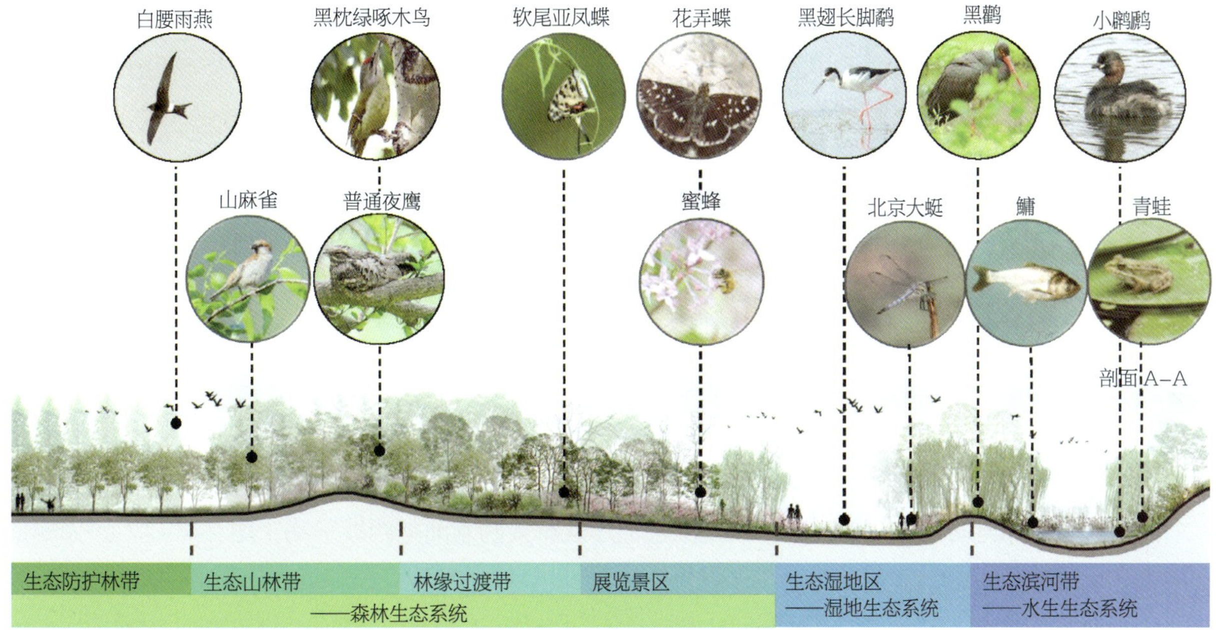

图 2-4-14　生境营造设计示意图

（3）营造策略

丰富鸟类生境类型：多层次多物种的植被群落结构，将为当地鸟类提供更适宜更丰富的栖息环境。

科普宣教展示区：可通过相应的科普展示方式，依托林窗创建的区域，形象、直观、生动地向公众展示林窗创建的方法、功能、目的和意义。

改善人工单一林群落结构：逐步将原有人工林单一树种的群落结构，演替成为符合当地生态环境的近自然状态的林地生态系统。

近自然改造模块化示范：该区域可作为如何开设林窗进行人工林近自然改造的模块示范点与监测点，进行长期监测与效果示范（图 2-4-15）。

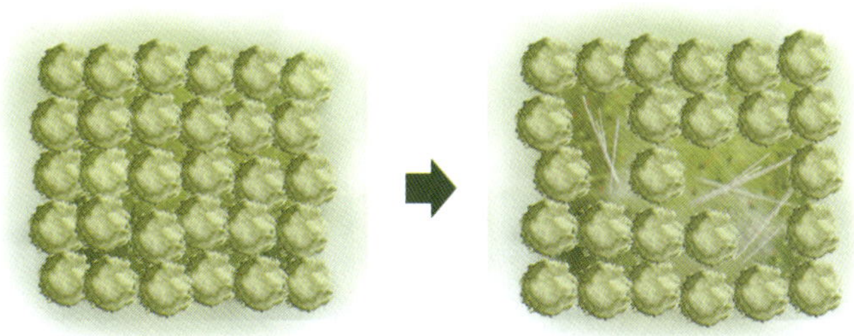

图 2-4-15　创建林窗

在人工林中采用打开林窗的方式，提升该片区的作为鸟类生境的质量。优先选择片区内生长质量不佳的杨树进行采伐；采伐后，空间较大的区，可适当补植榆树、白蜡、国槐等结种树木，吸引鸟类觅食；公园绿化管理时，避免清理绿地上的落叶（图 2-4-16）。

图 2-4-16　鸟类生境与植被群落结构关系示意图

3. 海绵园区

园区现状雨水部分自然下渗，部分以地面径流形式排入妫水河与西拨子河（图 2-4-17）。为尽量减少地表径流对地表河道水体带来较大的污染，区域建设采取了绿色生态型雨水系统，将对自然水文状态的干扰降至最低。

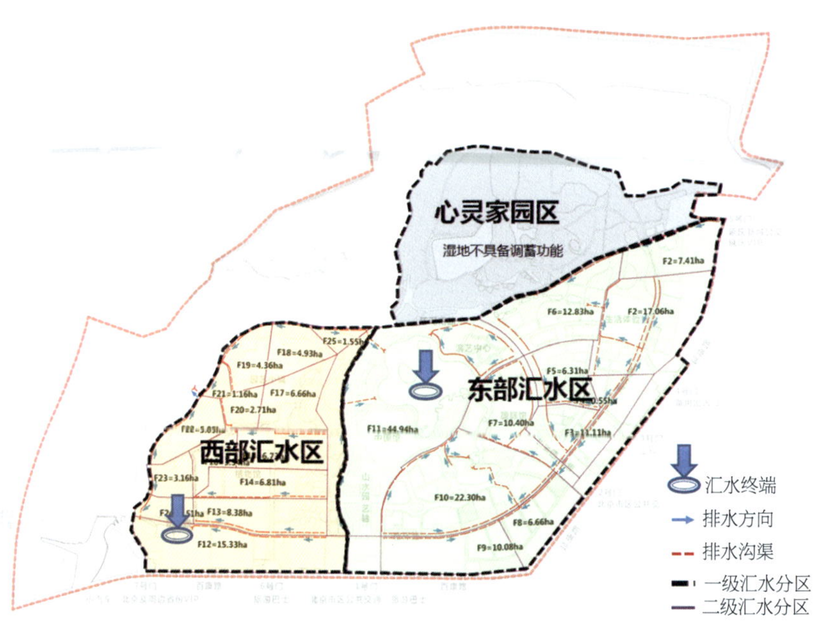

图 2-4-17　汇水分区图

通过低影响开发措施、水质保障及径流污染控制策略的实施，将自然途径与人工措施相结合，在确保城市排水防涝安全的前提下，最大限度地实现雨水在园区的自然积存、渗透和净化，建设“海绵园区”。同时，采取雨水控制与利用措施，减少雨水外排量，降低径流污染，加强雨水回用；并采用设置沉沙池等初效过滤方式，保障水体水质。园区内雨水年径流总量控制率将不低于 90%（对应的控制设计降雨量为 40.9mm），道路非市政道路、广场的透水铺装率不小于 70%，重现期采用五年一遇标准。

（1）低影响开发

按照海绵园区建设标准，贯彻低影响开发理念，构建生态雨水控制利用系统：在全项目周期中关注和强调维持与恢复场地自然水文过程和功能，通过充分利用场地的自然特征和合理应用人工技术措施，使开发后的雨水径流的峰值、径流总量以及污染物负荷尽可能接近开发前，实现控制雨水径流污染、回补地下水、高效利用雨水资源等多重目标组合实现。主要措施包括：

保存场地内原有的重要的自然资源（沟渠、湿地及坑塘），并加以优化设计，使其兼具游赏与汇水功能；设置雨水生态处理措施，使径流中所含污染物得到充分的预处理。采用植草沟等生态沟渠排水方式，将雨水通过草沟、旱溪、砾石沟、线性收水沟等不同收集方式排入汇水终端（水体）（图2-4-18），在人行道路、广场等部位采用透水铺装，减少不透水地面所带来的环境冲击结果。同时，也避免不透水地面区域雨水直接进入景观水体，最大限度利用场地特征产生自然下渗；使用乡土植物材料作为生态缓冲过滤带的种植物种；园区内100%采用生态岸线；在主要场馆建筑中采用立体绿化。

（2）水质保障及径流污染控制

通过内部污染源全控制，污水全收集全处理的措施，使园区雨水由地表水劣Ⅴ类水质标准，提升至地表水Ⅲ类水质标准（图2-4-19）。

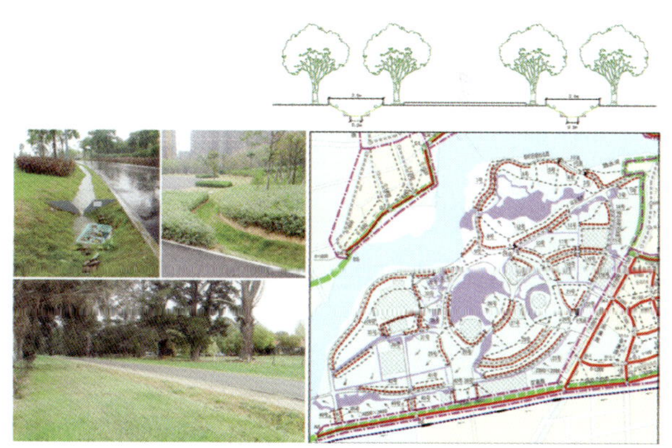

图2-4-18 生态草沟分布图

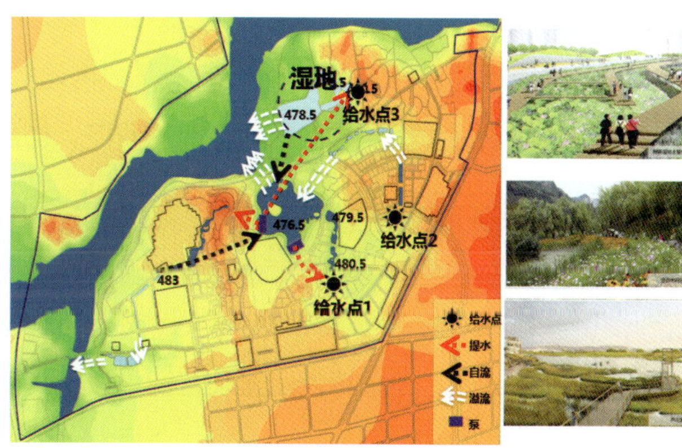

图2-4-19 园区水质维持循环系统

4. 生态水脉

生态水脉是在尊重自然、顺应自然的理念指引下，坚持最小扰动的原则，将现状鱼塘、水渠、湿地最大程度的保留下来，并结合新的规划思路与布局合理增补水域面积和设置部位，从而在园区构建一条"融于景观、控上保下、多效复合、贯穿园区"的水系主脉，集汇水、蓄水、净化、传输、供水等多种功能于一身（图2-4-20）。

人工湿地为生态水脉的起端和源头，通过承纳污水处理厂再生水来水，经过湿地净化处理后实现园区水体水质不低于地表水Ⅲ类水质，维系园区的优质非传统水源用水需求，保障非传统水源用水安全。同时，为了构建人水和谐、品质一流的生态水系统，制定了《世园会园区雨污水专项规划》，完成了《世园会水资源保障总体方案》《园区内雨水再利用》《园区内污水再利用》等研究报告。

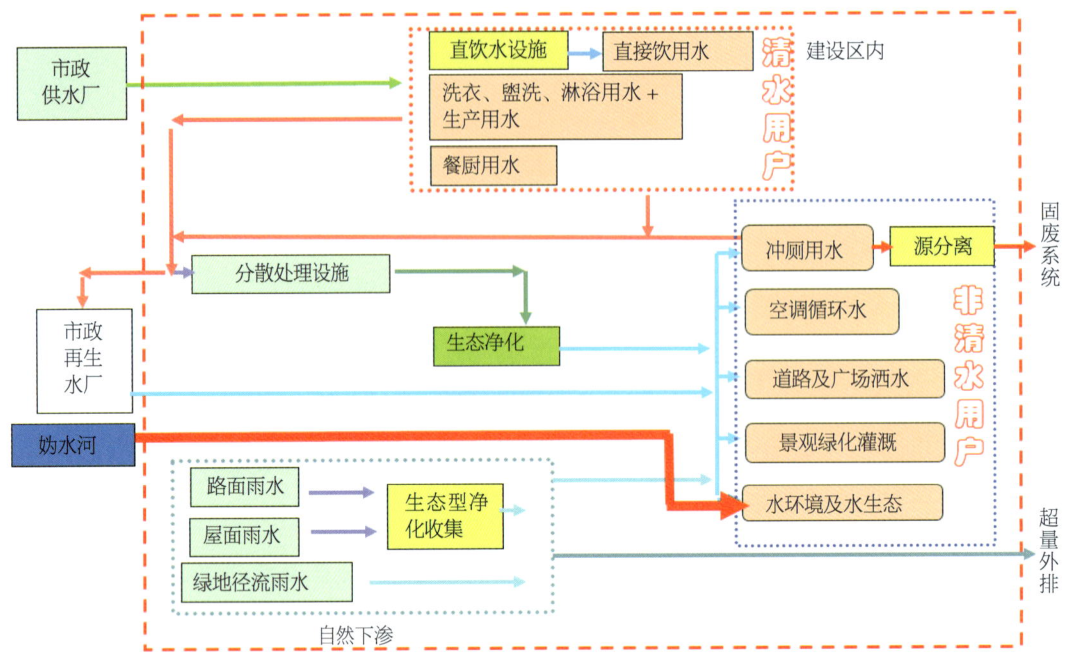

图 2-4-20　水系统规划图

通过分质供水、节水灌溉、加强非传统水资源利用等措施，构建多元节约型供水保障体系。统筹低影响开发雨水系统、雨水排除系统及排涝系统，构建海绵型雨水管理体系。充分考虑园区内建筑分布及地形特点，以分散与集中相结合为原则构建经济高效型污水处理体系。结合供水、雨水、污水、再生水体系的建设，通过对水体生态链的调控，构建具备净化能力的综合型水环境及水生态体系。

“生态水脉”由动脉和静脉组成（图 2-4-21）。动脉负责水体循环，包括灌溉、景观补水供给，应急供水传输，消防联动供水以及特殊用水需求的用水传输等功能，由输水管道、泵站等组成。静脉主要指区域内相对静止的可见水体，起到水景观效果、水再生净化、污水及雨水过程水的调蓄、季节性灌溉用水的储备、冬季特色水景观营造平台等作用。“生态水脉”的所有功能由水资源智能化控制系统保障。

园区内污水产生量约 120 万立方米 / 年，再生水回用量约 425 万立方米 / 年。污水处理率 100%，回用率 100%。园区内冲厕用水、绿化灌溉（除特殊参展植物）用水、道路浇洒用水、景观水体用水全部使用非传统水资源，园区非传统水源利用率不低于 70%（表 2-4-1）。

指标可达性分析　　**表 2-4-1**

项目	生活用水	冲厕用水	灌溉用水	景观用水	道路浇洒用水
规模	1800 万人次 / 年	1800 万人次 / 年	270 公顷	19.5 公顷	39 公顷
标准	50L/ 人次	20L/ 人次	2700 立方米 / 公顷・年	2 厘米 / 日（全年 270 日），每年换水 2 次，每次换水 1 米	15 立方米 / 公顷・日，（全年 270 日）
年用水量（万立方米 / 年）	90	36	124	142	16
年用水量占总用水比例	22%	8.8%	30.4%	34.8%	3.9%

图 2-4-21　“生态水脉”平面规划图

5. 绿色建筑

制定了《世园会展览绿色建造指标》和《2019 世园会绿色适宜技术指引》，并根据这些指标体系和技术路线，进行园区内的规划建筑设计，大型公共建筑（≥ 2 万平方米）100% 达到绿色建筑三星标准。

（1）制定《世园会展览建筑绿色建造指标》

根据突出特点、因地制宜、标准协调、鼓励创新的原则，结合国家《绿色建筑评价标准》、《绿色博览建筑评价标准》、北京市《绿色建筑评价标准》，最终建立了由 3 大类、20 个指标构成的指标体系（图 2-4-22 和表 2-4-2）。

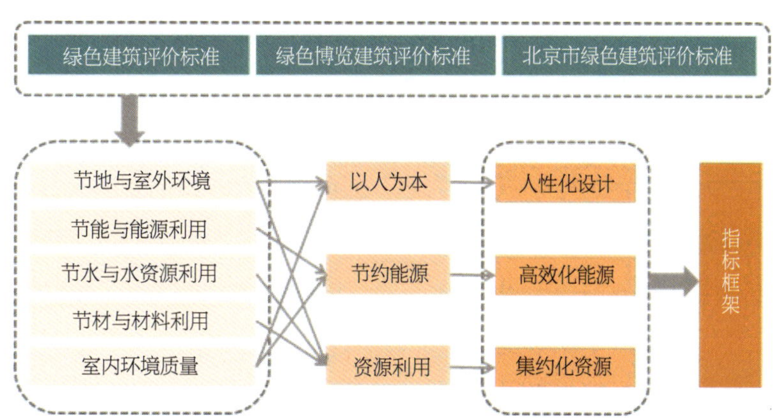

图 2-4-22　世园会绿色建筑指标体系架构

世园会绿色建筑指标体系架构　　表 2-4-2

指标编号	分类	名称
1	人性化设计	等候区遮荫面积比例
2		公共服务设施指标
3		室内空气品质指标
4		天然采光满足率
5		展览设施人机互动
6		室内健康环境信息反馈
7		绿色低碳行为引导
8	高效化能源	外围护结构节能率
9		可调节外遮阳面积比
10		暖通空调系统节能率
11		照明功率密度控制率
12		可再生能源利用率
13		建筑设备管理系统配置率
14	集约化资源	绿色雨水基础设施
15		卫生器具节水
16		直饮水设备节水
17		节水灌溉利用率
18		非传统水源利用率
19		高强材料使用率
20		预制产业化率

（2）制定《2019 世园会绿色适宜技术指引》

围绕世园会“以人为本”的建设要求，提出世园会“以人为本”的绿色理念需求、“人性化观览”需求和“环境资源可持续性”需求构成，并据此展开相关绿色适宜技术的研究。

针对“人性化观览”的绿色需求，创新性地将 IT 等先进技术引入研究，以问题为导向，研发世园会空气质量信息推送、预约购票、停车引导、排队分配、就餐引导等服务信息对称方面的系列创新科技手段，有助于提升世园会保障服务系统科技创新度（图 2-4-23）。

针对“环境资源可持续性”的绿色需求，梳理研究适宜的绿色技术，包括可再生能源利用、海绵城市技术体系、绿色交通、低能耗建筑、能耗监测平台、垃圾管理及处理、空气环境及声环境等方面相关的绿色先进技术，为世园会提供与“以人为本”理念相适宜的绿色技术指引。

（3）主要大型公共建筑 100% 绿色建筑三星

会时，大型公共建筑（≥ 2 万平方米）100% 达到绿色建筑三星标准，包括中国馆、国际馆和生活体验馆。

中国馆：用地面积 48000 平方米，总建筑面积 23000 平方米（图 2-4-24）。中国馆引入地道风技术，在夏季进行空气冷却、冬季利用浅层土壤的蓄热能力进行空气加热的通风节能措施，能大幅缩短空调开启时间，有效降低建筑使用能耗。中国馆采用绿色建筑措施见图 2-4-25 和图 2-4-26。

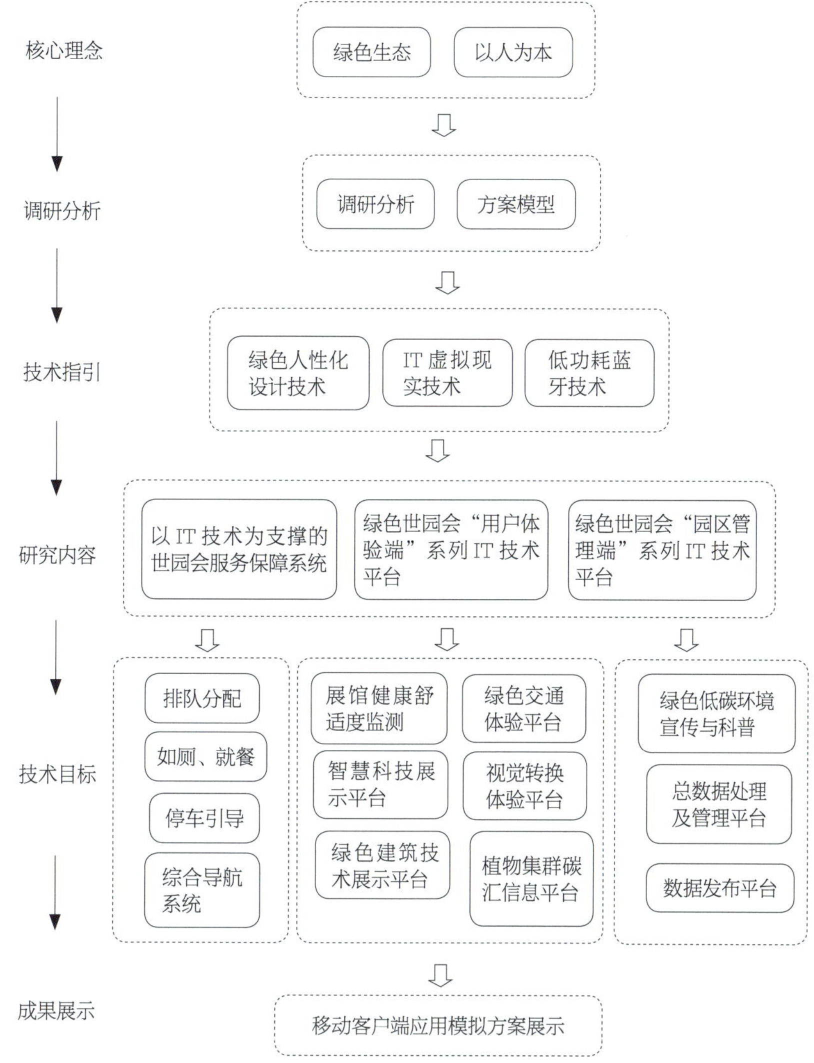

图 2-4-23 技术路线示意图

图 2-4-24 中国馆效果图

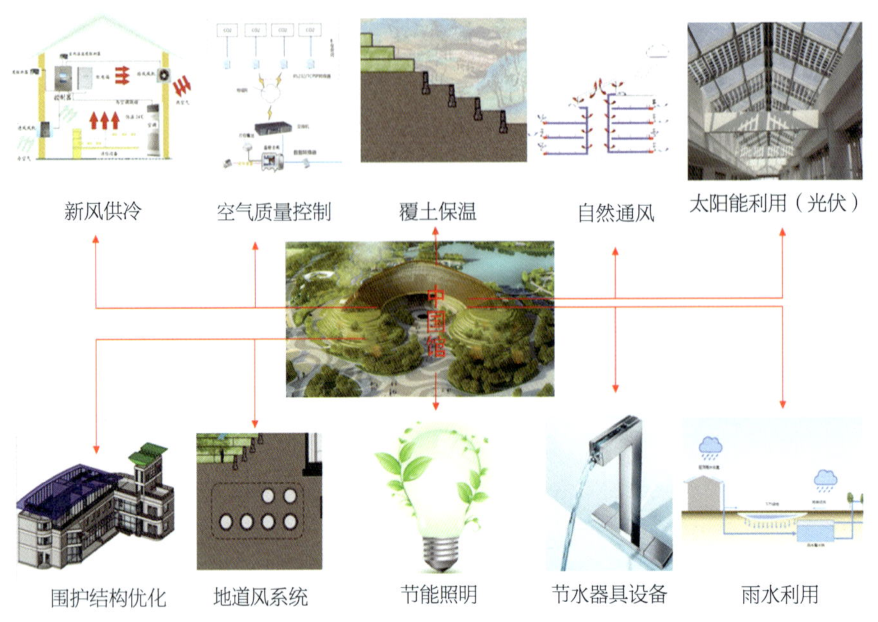

图 2-4-25　中国馆采用绿色建筑技术示意图

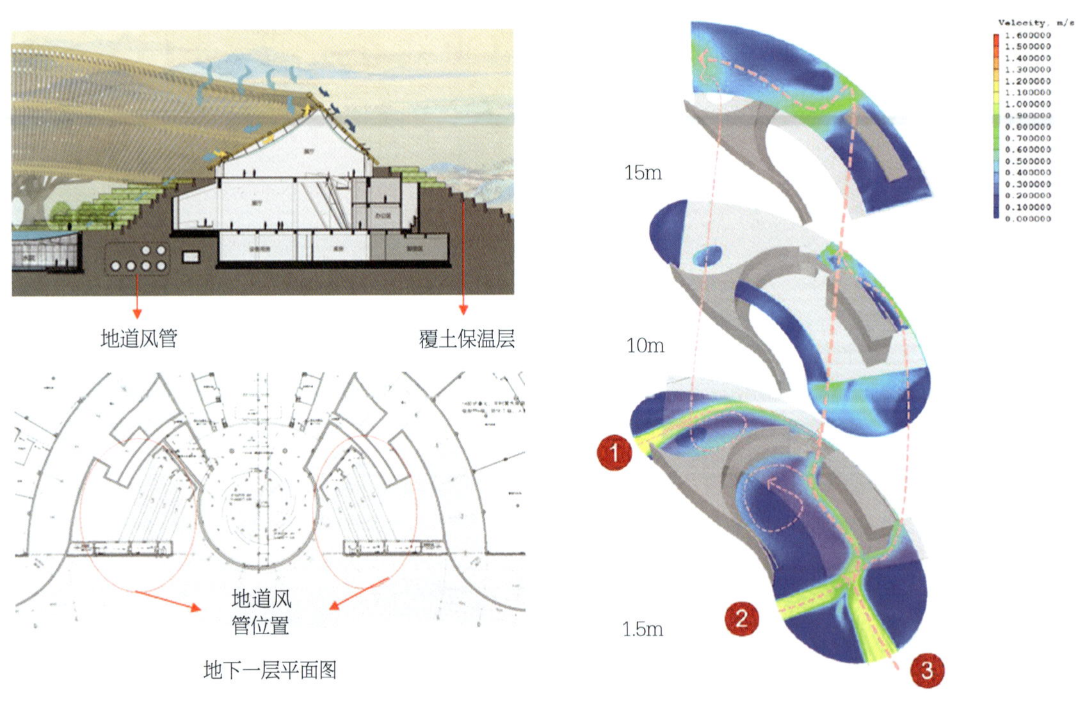

图 2-4-26　地道风技术示意图

国际馆：用地面积 36000 平方米，建筑规模 22000 平方米。国际馆屋面由 94 把花伞构成，如同一片花海飘落在园区里。花伞设计不只美观，还具备了遮阳、太阳能光伏一体化和雨水收集作用，有效地改善了室内采光条件，室内自然采光和光环境舒适度大幅提高，还可实现节能与节水的目标（图 2-4-27 ~图 2-4-29）。

图 2-4-27　国际馆效果图

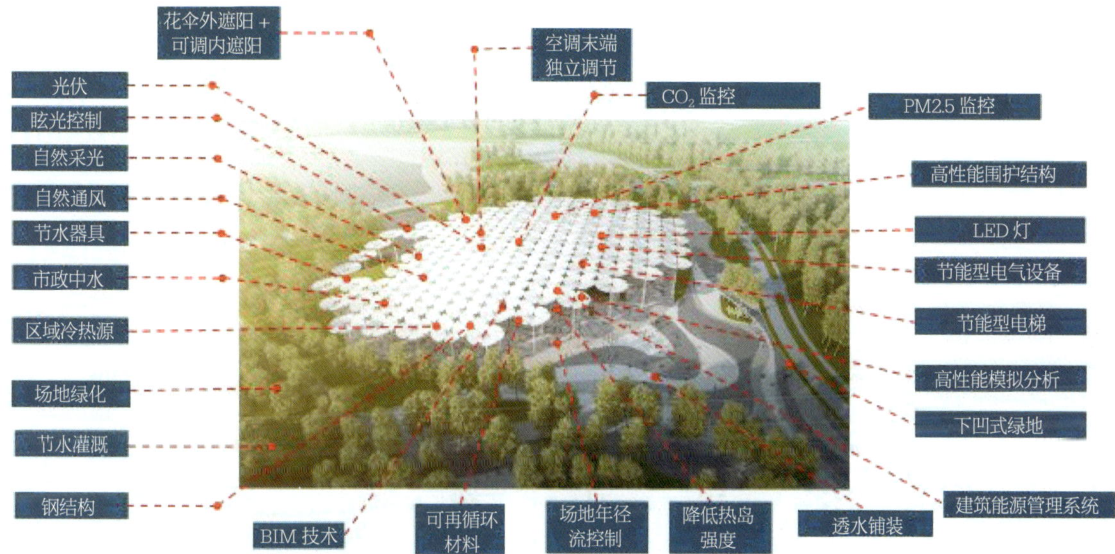

图 2-4-28　国际馆采用绿色建筑技术示意图

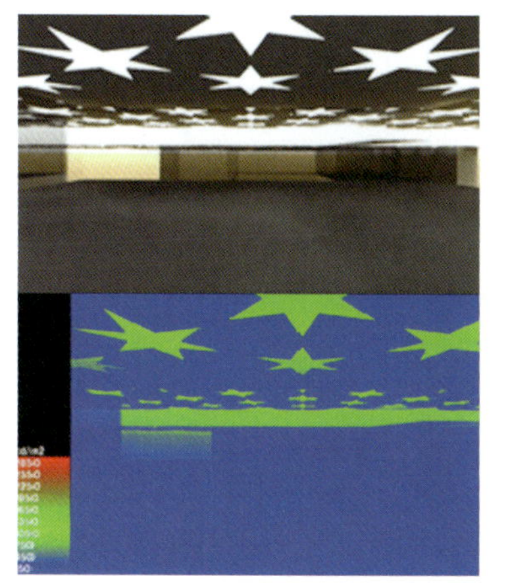

图 2-4-29　国际馆“花伞”示意图

6. 可再生能源

对2019世园会园区内的能源供应进行合理规划，统筹考虑多种能源形式，世园会可以利用的可再生能源种类主要是太阳能、浅层地热能、生物质能等，从园区内可再生能源资源、技术适宜性、相关政策等方面考虑，着眼于世园会可再生能源运用的技术可行性，通过对世园会可再生能源资源情况、世园会建筑特点、应用技术、经济效益等进行分析研究，确定世园会可再生能源利用的技术可行性，提出技术应用方案。世园会园区的可再生能源替代率指标：温室100%、中国馆60%、国际馆40%（表2-4-3）。

世园会可再生能源利用方案　　　　**表2-4-3**

序号	可再生能源技术	应用范围	备注
1	地源热泵	核心区展馆供暖空调	规模化应用
2	太阳能光伏	核心区展馆	规模化应用＋示范展示
3	生物质燃料	世园会园区示范	集中收集外运

（1）地源热泵

地源热泵是高效、节能、环保的可再生资源，在冬季作为热泵供暖的热源。采用梯级利用的手段，通过输入少量的高品位能源（如电能），实现低品位热能向高品位热能的转移。地源热泵系统能源站与地埋孔位置规划示意图见图2-4-30。

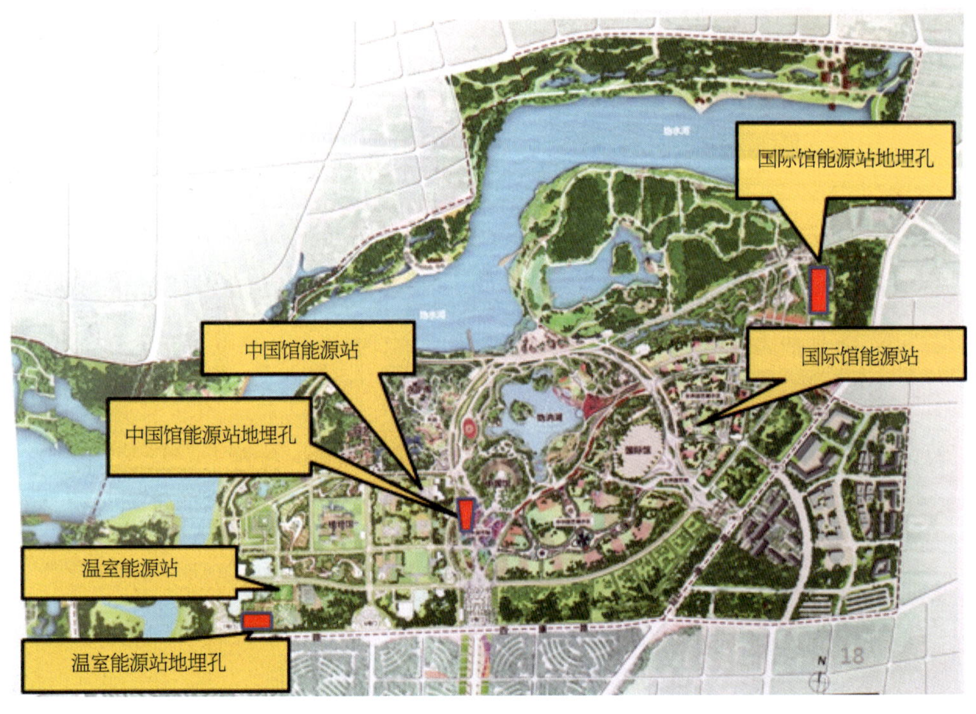

图2-4-30　地源热泵系统能源站与地埋孔位置规划示意图

（2）多能互补

世园会园区采用多能互补的能源方案。其中，冬季供暖采用深层地热、浅层地温、水蓄能和调峰燃气真空锅炉的技术，夏季制冷采用浅层地温、水蓄能和调峰电制冷冷水机组的技术（图 2-4-31）。

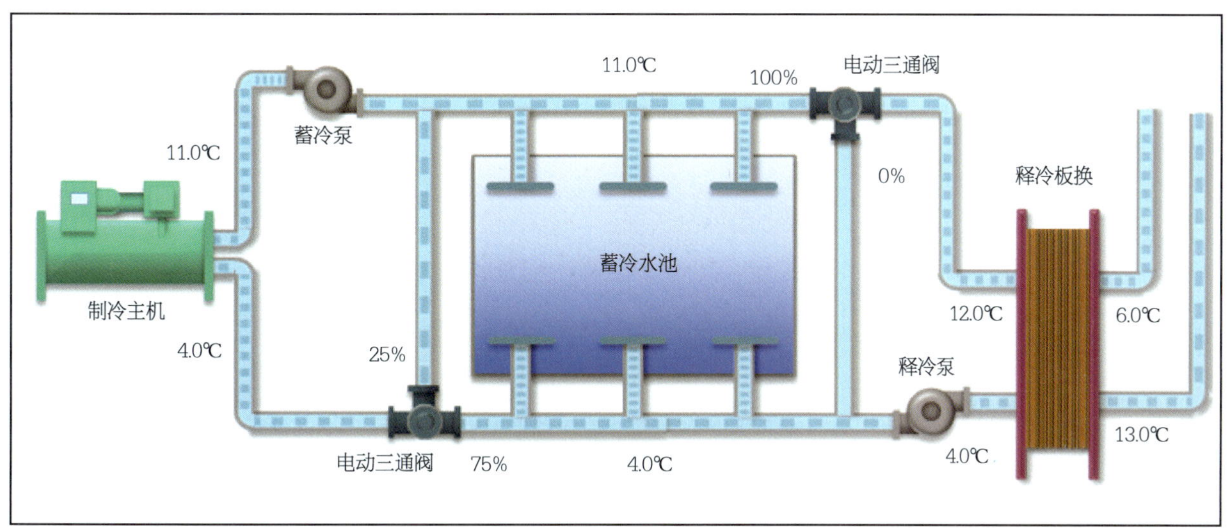

图 2-4-31　水蓄能系统图

第五节　文化世园

1. 文脉传承

对园区历史文化资源进行了梳理，形成园区空间布局的历史文化脉络。不仅对园区内具体的文物遗迹进行保护，而且在规划建筑设计中，保留乡土风貌，传承地域文化的文脉。

（1）文物保护

对具有一定历史文化价值的遗迹——烽火台、古井等进行保护。将古迹保护与场馆设施有机结合，建成向游人开放的历史文化景观，有利于引领人们了解历史文化，领悟传承的文化元素与文化精神，从而感受深厚的文化氛围，为人们了解当地悠久的历史文化发挥积极的作用。

（2）肌理保护

尊重地方文化，保留乡土风貌，保护原有的肌理和格局（图 2-5-1 ~ 图 2-5-3）。

（3）地域文化

以地域文化为特征，打造承载历史记忆的特色空间。如代表中华园艺文化的天田园区、具有辽宋建筑风格的园区制高点永宁阁、凝聚中国传统元素的 1 号礼乐大门等（图 2-5-4 和图 2-5-5）。

2. 以人为本

完成了《世园会展览建筑绿色建造指标研究》《世园会绿色适宜技术指引研究》的报告，并在这两

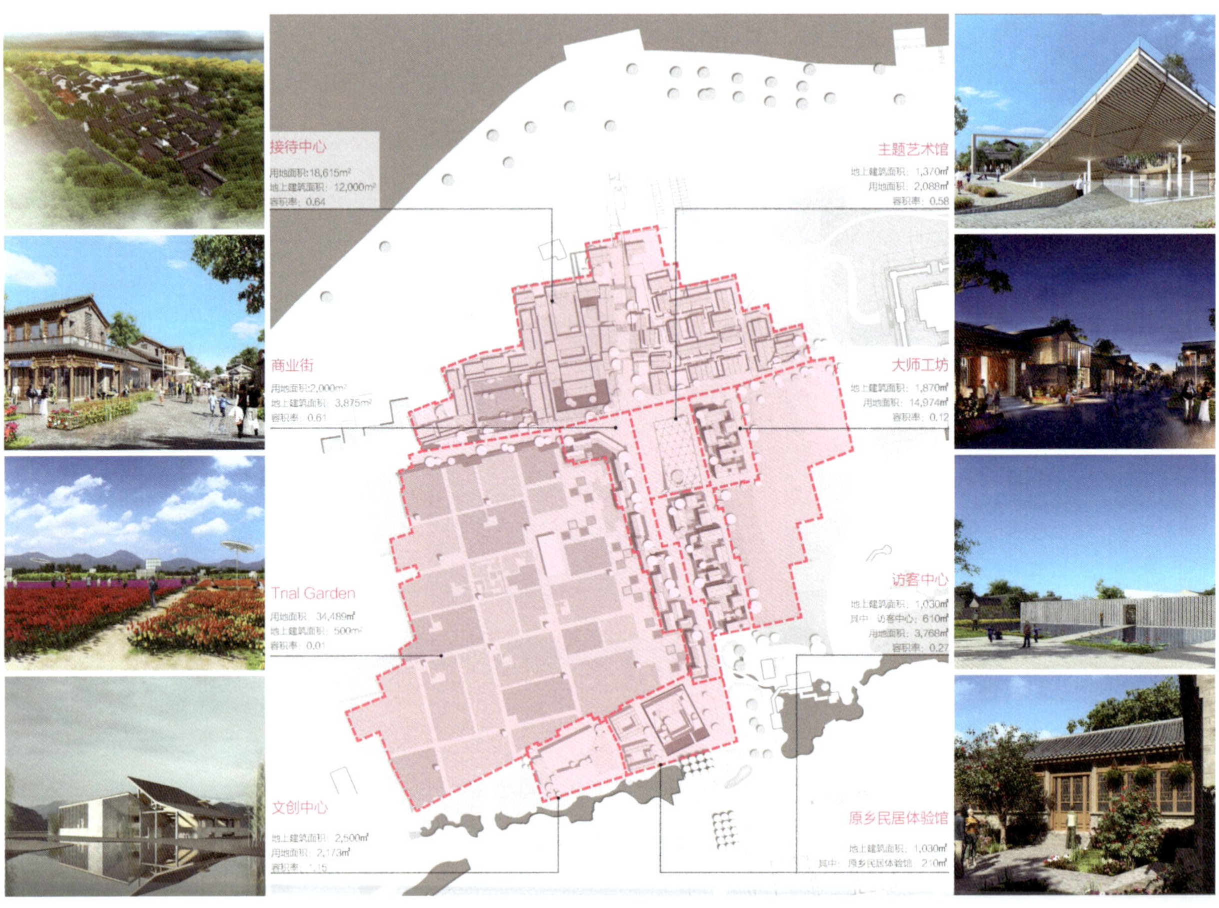

图 2-5-1　园艺小镇平面布置图

图 2-5-2　园艺小镇鸟瞰效果

图 2-5-3　园艺小镇效果图

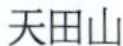

天田山

文人园

天田园区

图 2-5-4　天田园区

图 2-5-5　地域文化元素

项研究的基础上，完善座椅休息区的布置，优化卫生间配置。

（1）座椅布置充足舒适

采用集中和分散相结合的布置方式共布置了 940 个座椅，其中，室外休息区座椅设置遮阳防雨措施。园区内休息设施的间距不大于 100 米，还配套设置了自助售货机、饮水处、展览电子地图等设施（图 2-5-6 和图 2-5-7）。

图 2-5-6　林荫休息座椅效果图

图 2-5-7　电瓶车等候休息区效果图

（2）优化卫生间配置

男、女卫生间厕位数配置数量的比值为 1∶3；全园设有 62 处无障碍卫生间，达到无障碍卫生间 100% 覆盖；并设置了无性别卫生间及母婴室（图 2-5-8）。

图 2-5-8　公共卫生间效果图

3. 绿色遮荫

《绿色遮荫系统专项规划》的制定为不同的参与单位进行规划设计协同提供了工具，为保持世园会园区环境的整体性和协调性提供了保证；为世园会建设布局合理、功能有效、面貌协调、符合展会特点的特色遮荫系统提供了统一的原则；为世园会办会主题提供有力支撑，突出园艺特色，营造出绿色健康的室外环境，是游客绿色游赏体验的保障。

（1）规划目标

构建绿色遮荫体系。在世园会期间，场地公共空间将容纳巨大人流，遮阳避雨设施需求量大；场地空间复杂、配套设施多且边界条件不断变化，需统筹规划绿色遮荫体系，实现区域化、系统化；在满足遮阳基本功能的前提下实现技术与艺术的融合。

营造绿色健康室外环境。遵循以人为本的规划原则，以游客行为与心理需求为导向，合理布局遮荫系统，精心布置遮荫降温设施，最终形成宜人的室外环境空间，提高参观的舒适度与满意度。

保障绿色游赏体验。综合考虑园区规划布局、游览路线组织结构，依照功能组合、优势互补、技术先进、资源节约的原则进行绿色遮荫系统的空间布局，构建有效满足游客需求、有利于空间氛围体验、有助于系统衔接和高效运行的园区游览体系。

（2）总体思路

构建绿色遮荫多层次的控制要素体系。通过分析世园会基址条件、上层规划方案、游览路线、人流走向等，深化完善遮荫系统总体布局。针对不同类型的遮荫系统，提出控制要素、控制指标，指导设计施工。绿色遮荫系统技术路线见图2-5-9。

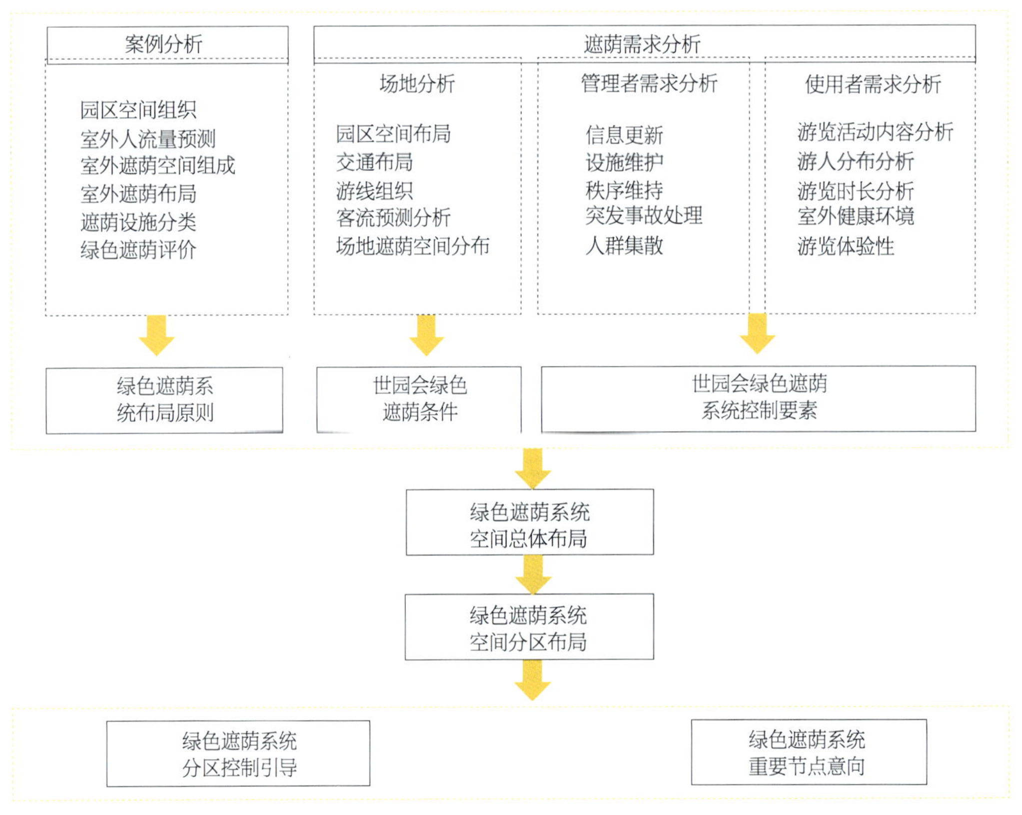

图2-5-9 绿色遮荫系统技术路线

（3）总体布局

遮荫等级依照分区的遮荫要求而设定（图2-5-10）。生态林地区、滨水休闲区是以保留的自然林地遮荫为主，场地基础较好，后期增加的辅助遮荫设施较少；生活园艺体验区、中华园艺展示区和世界园艺展示区以展馆、展园作为主要布展形式，园艺主题特色多以植物、小品组景的形式体现，主要考虑游人游览、观赏等活动，以一般遮荫为主；核心游览区是人流聚集处，铺装面积大，同时不定期有主题活动展演，多数游人会选择在此停留、活动、观演，需要重点考虑遮荫空间的设置。

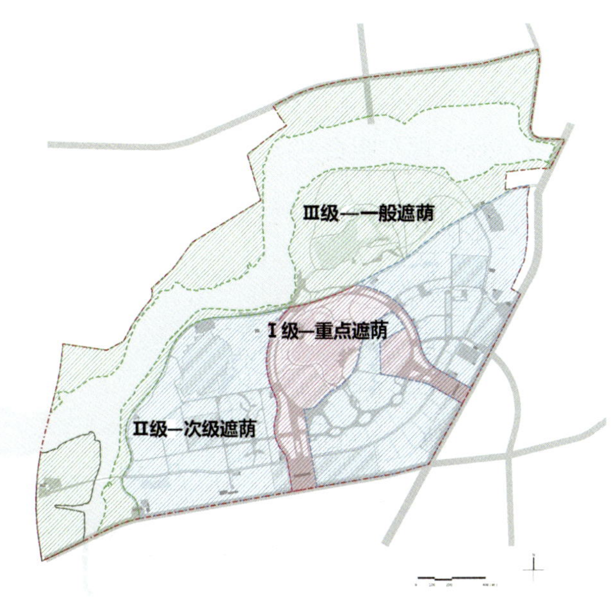

图 2-5-10　遮荫等级分布图

参考上海世博会遮阳降温研究，结合规划范围内的分区功能、空间特点，综合考虑交通流量、人流集中程度，合理制订分区遮荫目标，适当配置硬质遮荫设施，运营中根据实际情况增减遮荫设施数量。分区遮荫目标及要求见表 2-5-1。

分区遮荫目标及要求　　　　**表 2-5-1**

遮荫等级	分区	空间特点	目标遮荫率下限
Ⅰ级—重点遮荫	核心游览区	人流聚集、铺装面积大、主题活动多	35%
Ⅱ级—次级遮荫	生活园艺体验区	保留村落建筑，室外等待、停留	15%
	中华园艺展示区	多展园，室外活动、停留时间长	15%
	世界园艺展示区	多展园，室外活动、停留时间长	20%
Ⅲ级—一般遮荫	生态林地区	保留自然林地，人为干扰少	40%
	滨水休闲区	绿化多，设施少，多休闲空间	30%

（4）分区控制导则

根据园区规划，将世园会围栏区划分为六个区段——生态林地区、滨水休闲区、核心游览区、生活园艺体验区、中华园艺展示区、世界园艺展示区。该分区一方面与规划分区内涵相一致，另一方面与后继施工设计的分段相衔接，有利于规划意图的落实，也有利于本专项成果与后继设计工作的对接。

综合对规划结构、园区交通游线、游人分布等因素的分析，上述分区可分别归为三个遮荫需求的层次。即，Ⅰ级—重点遮荫区，包括核心游览区；Ⅱ级—次级遮荫区，包括生活园艺体验区、中华园艺展示区和世界园艺展示区；Ⅲ级——一般遮荫区，包括生态林地区、滨水休闲区。

绿色遮荫系统分区的基本要素为“线、点、面”布局，“线”主要指线性道路，“点”主要指点状广场，“面”主要指游赏片区，分为片状绿地、展园、建筑、停车场等。绿色遮荫系统落实在各个功能分区中，即为“线＋点＋面”布局。由不同的“线＋点＋面”组合构成了绿色遮荫系统的各个功能分区，遮荫重要性由强到弱分别为核心游览区、生活园艺体验区、中华园艺展示区、世界园艺展示区、生态林地区、滨水休闲区。通过各个园区的针对性、个性化布局，最终规划后园区的遮荫率达到30.5%，公共空间遮荫率达到51.8%。

绿色遮荫系统分类布局图见图2-5-11。

图2-5-11 绿色遮荫系统分类布局图

广场遮荫优化改善措施：增加绿地、增加大型遮荫设施、灵活布置小型遮荫设备（图2-5-12）。

展园遮荫优化改善措施：优化遮荫空间、建立连续遮荫体系、灵活布置小型遮荫设备（图2-5-13）。

道路遮荫优化改善措施：合理配置遮荫树种、增加休憩停留空间、灵活布置小型遮荫设备、形成连续遮荫体系；建议行道树选择树冠密度高、叶面积大、叶片不透明度强、枝叶繁茂的树木，如悬铃木、国槐、栾树、臭椿、糠椴等树种（图2-5-14）。

停车位遮荫优化改善措施：合理配置遮荫树种、布置连续遮荫棚架、增加生态遮荫设施（图2-5-15）。

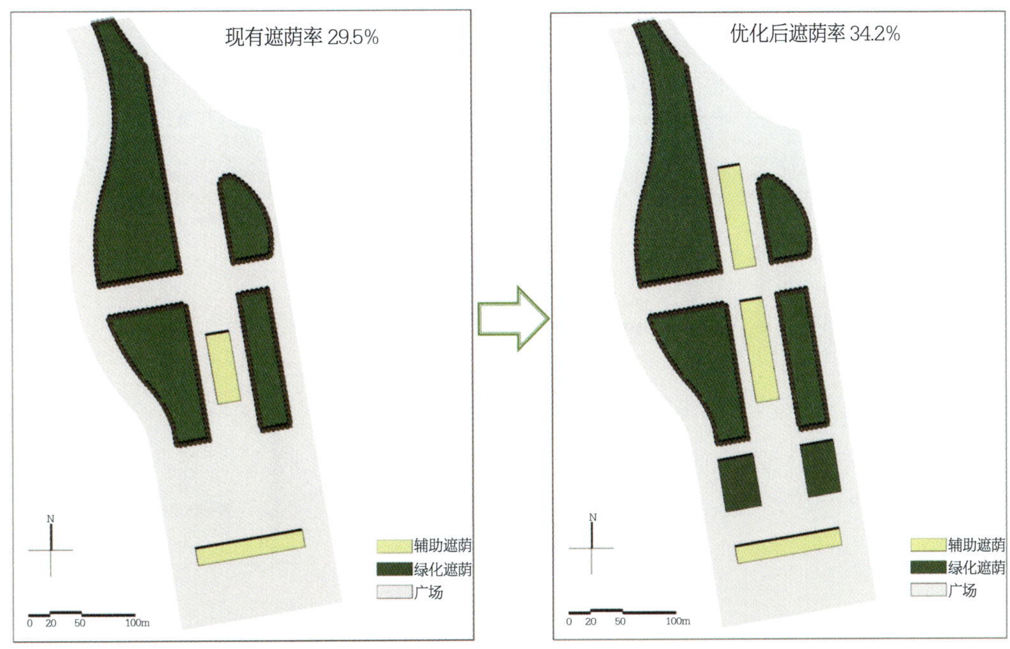

图 2-5-12　广场遮荫优化示意图

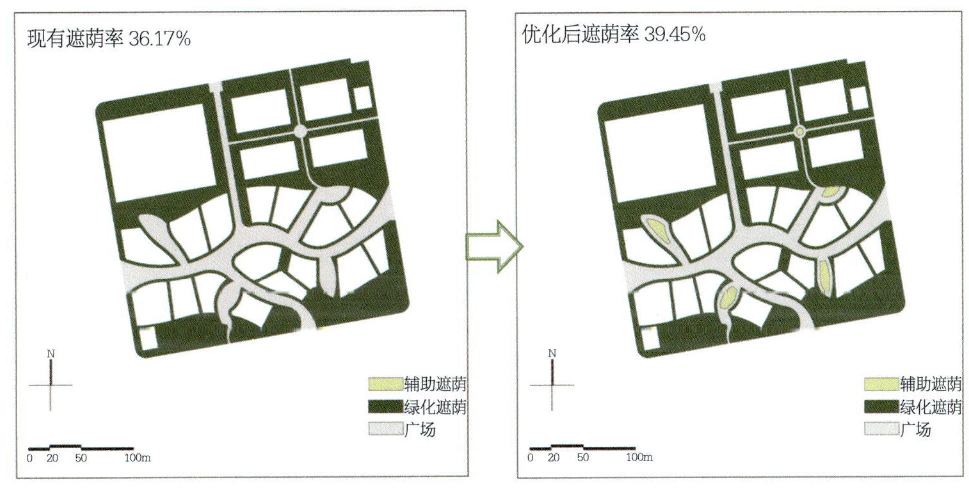

图 2-5-13　展园遮荫优化策略

150m 标段

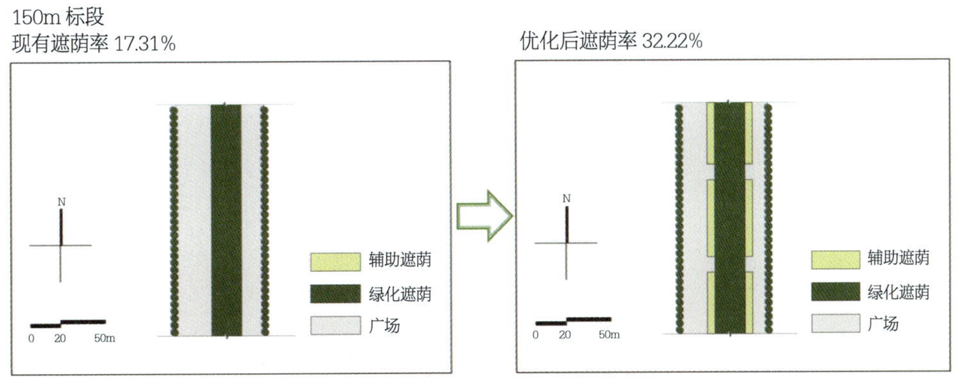

图 2-5-14　道路遮荫优化策略

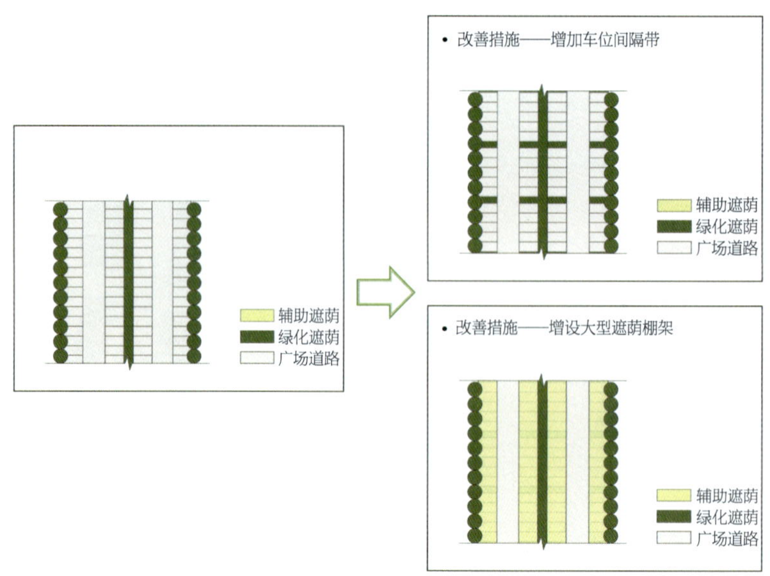

图 2-5-15　停车位遮荫优化策略

4. 声音景观

制定了《园区声景系统专项规划》。通过声景点、面分级规划控制体系和消声系统，建立了适宜的声景系统，使游客在观赏美景的同时，能得到良好的听觉享受。

（1）让声音在统一中变化，建立声景点、面分级规划控制体系

清晰的声景系统结构将提高世园会的游赏体验。适宜的声音层次感、动静分区有利于园区各大展区和主题区的衔接。园林适宜声音控制在 45 ~ 70 分贝以内，以便给人最好的听觉享受（图 2-5-16 和图 2-5-17）。

图 2-5-16　声景空间分布规划图

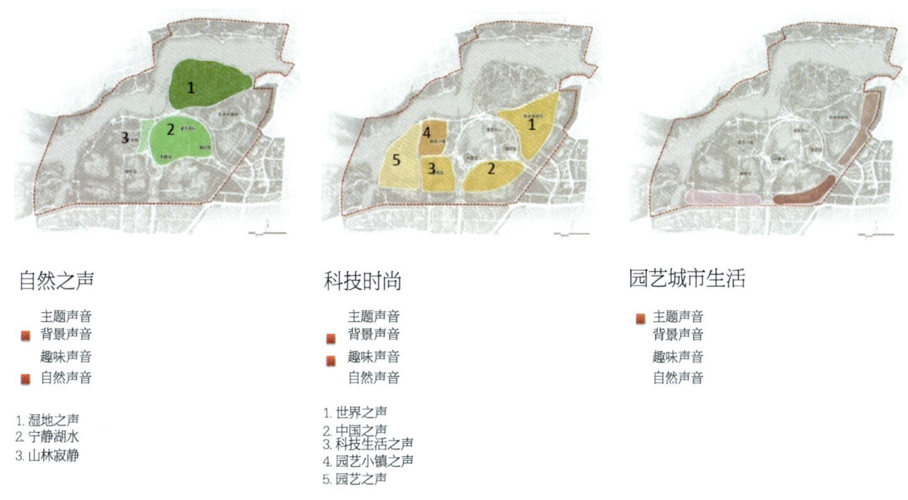

图 2-5-17 分级规划控制体系

（2）消声系统的使用

利用消声系统将道路与重要节点进行分割，使道路噪声尽可能少地进入到场地中，每个场地尽可能形成单纯、统一的氛围（图 2-5-18）。

图 2-5-18 掩声

第六节 智慧世园

1. 智慧观览

围绕“绿色生活，美丽家园”主题，依托增强现实技术（AR）为核心，融合虚拟现实技术（VR）、空间定位等技术，依据世园需求开发了一套智慧观览系统，实现文化与科技相互融合，打造“不一样的世园会”。

（1）导游导览

提供园区内的多种导航模式，游客可通过平面导航、分类导航及实景导航多种方式到达目的地，并提供智能的语音播报、路线规划、里程提示、用时提示、场馆介绍、游览路线等功能。

实景导航界面通过虚拟形象显示前进方向、距离、时间，并进行基于地理位置的语音提示，为用户提供更直观、更有趣味的导览服务。

（2）AR 景观体验

AR 景观体验是利用增强现实技术在摄像现实环境中叠加虚拟角色或场景，对叠加的建筑、景观、区域进行文化、园艺层面的引申与诠释。游客可通过导游导览达到 AR 景观所在地，触发通知提示观看 AR 景观（图 2-6-1）。

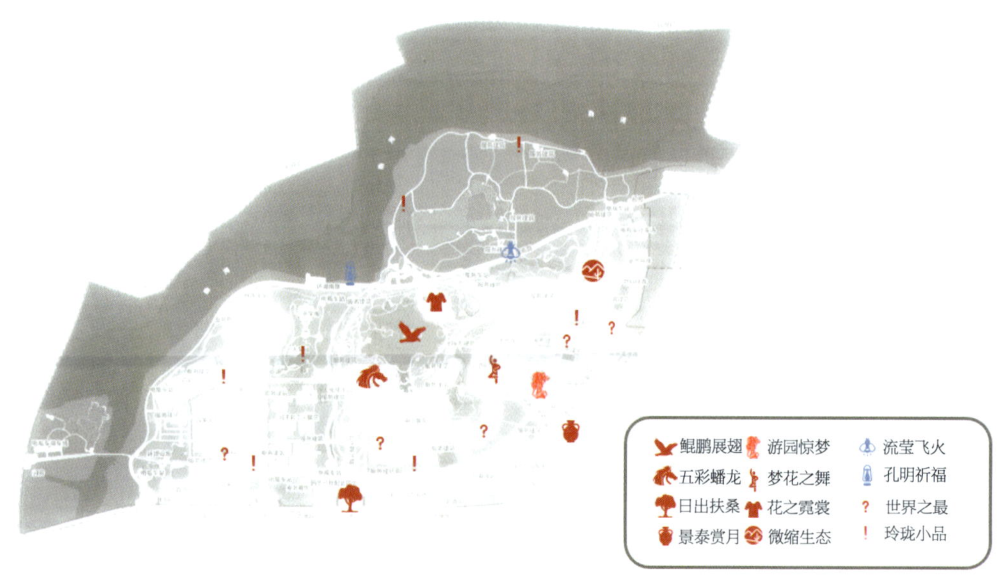

图 2-6-1　AR 景观景点规划

世园会 AR 兴趣交互与智慧体验内容，将以“植物科普”、“文化传承”、“奇幻植物”三部分作为主题，分别与世园会“知识传播、文化展示、休闲旅游”的功能定位相呼应，利用增强现实、虚实融合的内容呈现方式，在世园会的现实园区环境中叠加科技化的“虚拟世园会”。

植物科普主题重点是对于在世园中不易展现的植物、园艺和环境知识内容进行虚实融合的表现，在内容选材上同时注重知识性和趣味性，例如“植物世界之最”、“不同生态环境（沙漠、雪地等）中的植被与园艺”，在新奇的表现中传播植物与园艺的知识。

（3）VR 世园

VR 世园是以虚拟现实技术（VR）为核心，融合虚实融合、全景拍摄等技术创意，重点面向世园会园区外兴趣者和潜在游客的信息推送与展示。

全景展示给用户带来全新的真实现场感和交互式的感受。同时可以利用图像处理实现虚实场景的融合，为 AR 景观提供全景展示的图像介绍。

全景图片、视频、全景视频可以应用到世园会官方网站，使参观者可以通过互联网了解世园会。在园区内特定区域（如等候区等位置），提供 VR 头戴式设备，能够为游客提供可交互式的馆内虚拟漫游体验。

（4）人机交互体验

人机交互体验系统部署在世园会园区内供游客进行参与式体验。其嫁接于园区特定区域内用于媒体展示的大屏幕，以人机交互技术为载体，通过趣味化的互动形式表现世园会相关的内容，为游客带来视、听、触、动全方位的感官体验。游客能够通过体感、移动终端、增强现实的技术支撑与媒体内容进行即时互动。利用多媒体娱乐互动系统，极大地丰富并提升了园区内多媒体展示屏幕的功能，为游园体验丰富度提供重要补充。

（5）世园百科

游客可通过“扫图识花”功能识别园区游览过程中遇到的植物，“世园百科”中提供了植物的名称、形态特征、生态习性和病害防治等知识（图 2-6-2）。

图 2-6-2 “扫图识花”和“世园百科”界面

（6）园区应急服务

智慧观览系统中的园区应急服务可实现医疗急救、治安报警、人员走失、投诉、失物招领、火灾处置、设备故障、无障碍服务、问询咨询等功能。

2. 智慧交通

在交通规划阶段，园区开展了交通仿真模拟和舒适度评估研究，对于园区出入口、道路和场馆的人流情况进行模拟预测，用以优化出入口和道路设计方案（图 2-6-3 和图 2-6-4）。

图 2-6-3　道路客流规模模拟评估

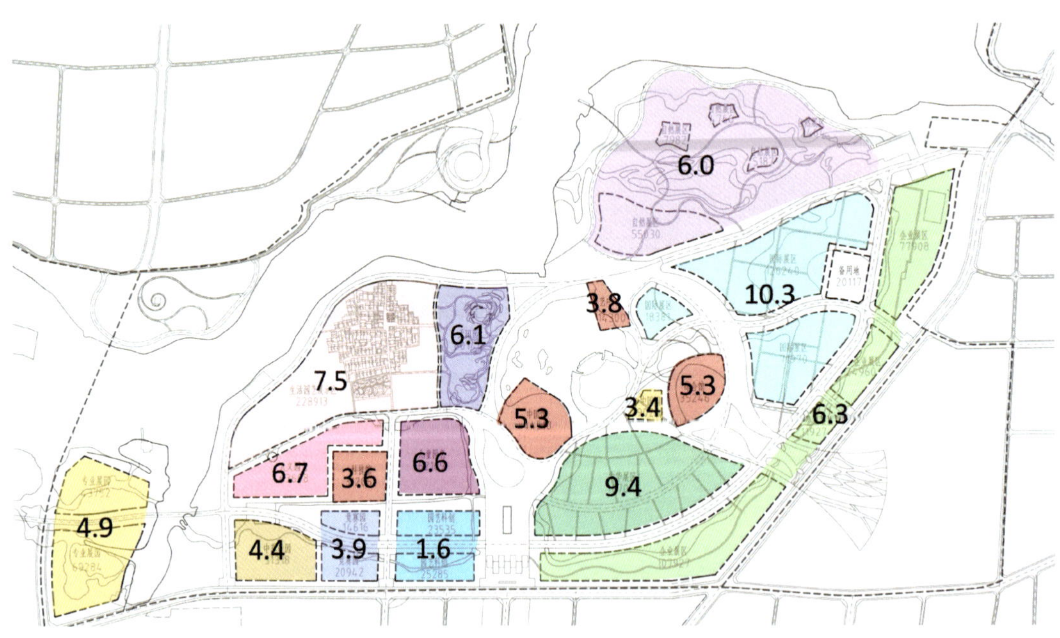

图 2-6-4　场馆日客流人次模拟评估（万人次）

在园区运行阶段，园区的交通管理信息系统对道路状况、电瓶车运行状态和人流情况进行监控，合理调度电瓶车运行，引导人流走向，保证园区的交通运输畅通。对车场情况进行监控，应用 IT 技术和智能化识别技术，研究泊车引导系统，通过无线通信和智能通信设备，向驾驶员提供各个停车场的位置、空位数量及相关道路交通状况等信息，方便游客判断并找到停车场。基于信息化技术和大数据分析的交通管理平台见图 2-6-5。

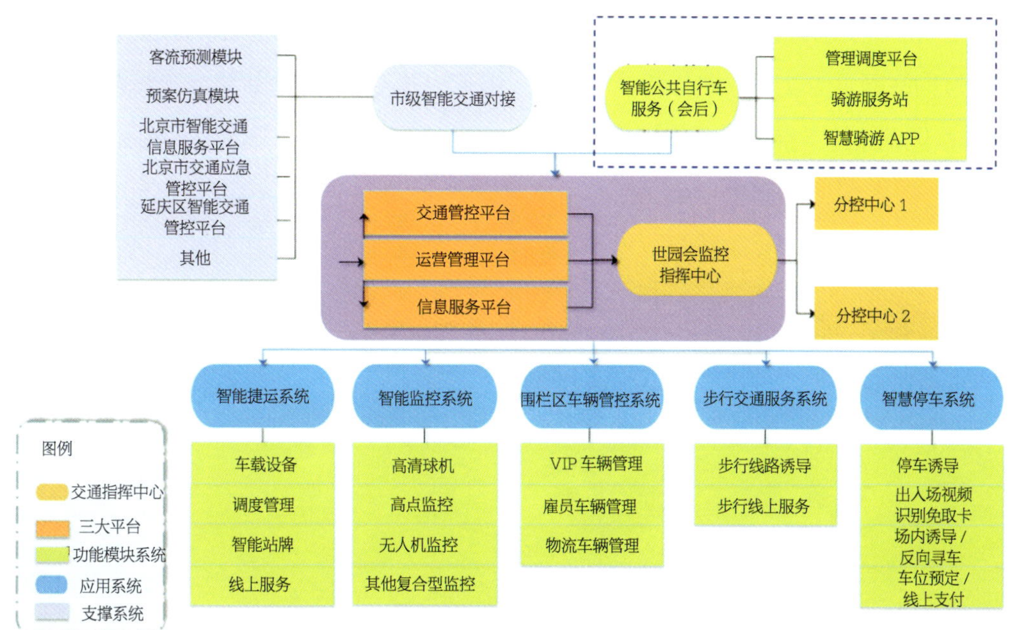

图 2-6-5　基于信息化技术和大数据分析的交通管理平台

3. 智慧建筑

智慧建筑以建筑物为平台，基于对各类智能化信息的综合应用，集架构、系统、应用、管理及优化组合为一体，具有感知、传输、记忆、推理、判断和决策的综合智慧能力，形成以人、建筑、环境互为协调的整合体，提供安全、高效、便利及可持续发展建筑功能环境。

世园会内的中国馆、国际馆和生活体验馆，遵循智慧建筑设计理念和技术，引入信息化应用系统、室内环境质量监控系统、智能楼宇监控系统、高效能源监控与能效优化系统、视频安防监控系统和电子巡更系统等，以建筑中每个人的舒适与健康作为最重要的目标，打造“以人为本”的智慧建筑。

4. 智慧路灯

智慧路灯依托 LED 路灯和智能控制平台，集成 WIFI 基站、摄像头、红外线传感器、电子显示屏等技术，变成一个信息载体，实现数据监控、环保监测、安防监控、灯杆屏、应急报警等功能。

智慧路灯为建设智慧园区提供了一个完备的载体，通过与大数据、物联网、云计算、无线通信技术等科技手段结合，提供对园区公共管理、安全和突发事件的应对能力，将为智慧园区建设提供更多的可能性。

5. 智慧管廊

综合管廊就是在城市地下建造一个隧道空间，将电力、通信，燃气、供热、给排水等各种工程管线集于一体，设有专门的检修口、吊装口和监测系统，实施统一规划、统一设计、统一建设和管理，是保障城市运行的重要基础设施和“生命线”。智慧综合管廊可实现对管廊内各工程管线进行在线监测、告警，通过物联网平台实现数据分析、管理等。世园会园区建设地下智慧综合管廊总长约 3.4 公里，建设投资约 4.1 亿元。地下综合管廊规划见图 2-6-6，地下综合管廊监控中心见图 2-6-7。

图 2-6-6　地下综合管廊规划

图 2-6-7　地下综合管廊监控中心

第七节 可持续世园

1. 会后利用

为贯彻“创新办会，永续利用”理念，世园会开展了一系列会后利用规划与研究工作，将主要考虑四个方向。

一是打造生态文明好课堂。在园区获得“北京市绿色生态文明示范区”的基础上，进一步将园区打造成生态文明教育体验基地和生态文明展示窗口，给社会各界人士提供一处感受自然力量、感受中国传统园艺文化和最新生态文明发展成果的场所。会后中国馆可转型为国家级生态博物馆，与世园会园区整体共同成为市民休闲好去处、教育好课堂。植物馆可继续作为世园会核心场馆之一，提供青少年教育基地、展览等对外服务功能。

二是铸就绿色发展新引擎。依托园艺产业带，集聚花、果、药、蔬、茶等产业前沿技术和文化元素，建设世界级园艺文化功能区，推动园艺产业发展。

三是助力冬奥新保障。依托园区配套服务设施及相关场馆，探索为冬奥会举办提供服务保障。世园酒店会后将作为服务冬奥会和延庆旅游休闲产业的重要载体，打造具有中国特色、彰显世园形象的新中式国际五星级园艺主题度假酒店。世园商务酒店将打造成立足延庆、辐射京津冀及周边区域的康养特色酒店。会后安保指挥中心将把部分区域改造成为冬奥会提供必要服务的具有鲜明特色的酒店。

四是构建生态旅游新景观。立足生态涵养区功能定位，将园区发展成为市民的休闲游憩基地，结合八达岭、张家口区域构建一条成熟的、内容丰富的生态旅游带。打造园艺小镇，建设以园艺为特色的美丽小镇，开发以园艺为主导的文旅产业，其将成为园艺景观的创作天堂，设计师创作、展示的聚集地，市民放松心情的完美乐园，兼具度假、养老等功能，成为市民体验园艺养生的最佳去处和最专业、全面的园艺疗法体验地。会时的商业配套将依据园区会后整体经营思路的变化转化为主题商业体进行经营，其业态将涵盖主题餐饮、主题零售、娱乐休闲等内容（图 2-7-1 ~ 图 2-7-3）。

图 2-7-1 接待、展览、办公类管理建筑

图 2-7-2　世园酒店

图 2-7-3　安保指挥中心

2. 低碳生活

世园会展区大量的植被和绿色生态廊道，具有保护生态多样性和碳汇的功能，可缓解热岛效应、改变风速风向、防风沙、涵养水源等。基于物联网技术，对园区生物多样性等信息进行实时展示和相关数据发布，同时对植物集群及代表植物分类碳汇作用进行相关数据统计。

（1）碳汇统计

园区基于物联网技术，对园区生物多样性等信息进行实时展示和相关数据发布的技术，同时对植物集群及代表植物分类碳汇作用进行相关数据统计。

（2）绿色交通

园区内交通采用 100% 绿色出行方式，主要交通工具为自行车及电动摆渡车。

（3）个人“碳足迹”

园区引入以人为单位的国际“碳足迹”评测方法,可针对参观人员在园区内的行为,进行即时统计，研究世园会游客“碳足迹”信息系统和应用，统计游客交通、饮食和垃圾等方面的碳排放数据，建立绿色规划和人行为模式之间的数据联系，计算游客一天观览活动所产生的碳排放量化，描述“碳足迹”，统计生态积分，通过积分评定进行社区评比，将个人碳排放统计数据推送给参观者，并提供减碳行为建议，引导人们低碳生活方式。

（4）建立碳排放统计模型

园区引入绿色设计模拟展示技术，利用相关信息化技术，研究世园会建筑节能、水资源利用、可再生能源利用、园区交通、景观道路照明等园区绿色建筑技术的原理模拟及动态展示系统，同时涵盖园区水质监测和情况分布实时展示，并进行相关能耗和碳减排数据展示发布。

第三章

主要景点及特色

第一节　一心

1. 妫汭湖

妫汭湖得名于“尧舜治理妫水、开创华夏盛世文明”的典故。立意“人间仙境，妫汭花园”，利用原有废弃鱼塘，营造景观水面，保留湖面中心几十株参天杨树形成湖心岛——“青杨洲”。妫汭湖汇聚中国馆、妫汭剧场、国际馆三大场馆及天田山景区，包含飞凤谷、千翠池、百花坡三个线性入口空间（分别以“林入洞天”、“水入洞天”和“花入洞天”三种方式进入湖区），以及九州花境、丝路花雨、一色台、花林芳甸和世界芳华五个主要区域。同时，妫汭湖还承担着雨水汇集等生态功能，践行了海绵园区理念（图 3-1-1 ~图 3-1-3）。

图 3-1-1　妫汭湖全景

图 3-1-2　妫汭湖平面图　　图 3-1-3　妫汭湖三种进入方式

（1）飞凤谷

“林入洞天”取名为“飞凤谷”，意为“凤凰舞花谷，心与云俱开”，将该入口的空间序列定义为：平原（开）—山林（合）—湖面（开）。以精品油松起头，花境承接，透过树林看到波光粼粼的妫汭湖面，引导游人进入湖区休闲，让心灵得以放松。飞凤谷效果图见图 3-1-4。

图 3-1-4　飞凤谷效果图

（2）千翠池

“水入洞天”位于如山一般的中国馆东侧，与之共同诠释传统与当代交织的中国山水文化，命名为“千翠池”，寓意“翠影红霞映朝日，水色千幻舞烟波”。天光云影流动在韵律优美的叠水中，与湖畔的绿树红岩融为一幅三维的山水画卷，演绎中国山水层层递进、自然质朴的空间格局（图 3-1-5 和图 3-1-6）。

图 3-1-5　千翠池效果图（一）

图 3-1-6　千翠池效果图（二）

（3）百花坡

“花入洞天”临近妫汭剧场、国际馆和世界园艺轴。自然地形塑造的缓坡通过砾石曲径进行分割，每个缓坡单元构成一片“云朵”，其上成片种植不同色彩的观赏草花组合形成“彩云”，此处开敞空间强调行进过程中花与人的互动性与趣味性。“彩云”过后，是一扇以“江山如画”为主题的“邀月门”，通过邀月门到达“月影池”，作为整个百花坡空间序列的尾声，与更大范围的湖面、天空连成一体，整体营造“彩云追月天长久，百花争艳香满园”的穿行空间，展现出“花好月圆”的美好意境（图 3-1-7 和图 3-1-8）。

图 3-1-7 百花坡效果图（一）

图 3-1-8 百花坡效果图（二）

（4）九州花境

九州花境主要展示华夏九州不同地貌下的园艺景观特色。以中华传统十大名花为图，以壮观的天田山为背景，以秀美的妫汭湖为前景，展开一幅“华夏地貌各异，九州名花盛放”的瑰丽画卷，意在打造园艺展示舞台，传播中国传统文化，促进行业发展。九州花境包括：牡丹园、月季园、杜鹃园、荷花园、水仙园、菊花桂花园等。九州花境效果图见图 3–1–9 和图 3–1–10。

图 3–1–9　九州花境效果图（一）

图 3–1–10　九州花境效果图（二）

（5）丝路花雨

卧花草林间，观近水长天，赏丝路花雨，享交融盛宴。丝路花雨紧扣“一带一路”主题，由分别象征海上丝绸之路和陆上丝绸之路的特色园路，围合缀花草坡组成核心景观，意在营造一处放松心情的开放空间。中国馆和国际馆之间，以丝绸造型的廊架作为丝路驿站，体现人文互通和文化互鉴。丝路花雨效果图见图 3–1–11。

图 3–1–11　丝路花雨效果图

（6）一色台

“江天一色无纤尘，鱼龙潜跃水成文”为诗情；“落霞与孤鹜齐飞，秋水共长天一色”为画意，一色台如云萦绕于山水之间，与连绵远山、永宁阁、妫汭剧场、青杨洲形成恢宏壮美的全景式山水画卷，为游客提供了一处凭栏远眺、观湖赏景的场所。一色台效果图见图 3–1–12 和图 3–1–13。

（7）花林芳甸

“满目缤纷踏芳甸，月照花林皆似霰”。花林芳甸是湖区最具野趣、最轻松自然的一处珍贵的静谧花园，一片参天笔直的杨树林自西向东横贯于场地之中，于林下播撒成片的野花草甸，引来飞舞的蝴蝶、林鸟聚集于此；不远处传来潺潺的溪流声，人们踏着形式各异的平桥，经由一个又一个水湾穿过芦苇、荷花与叠水，享受大自然的花林芳香与美妙之音。花林芳甸效果图见图 3–1–14。

（8）世界芳华

“百草千花共待春，上苑芳华岁岁新”。世界芳华结合妫汭剧场周边环境，以气势恢宏的大地景观展现世界园艺。彩色林荫游赏步道蜿蜒连绵通向妫汭剧场，形成春夏彩蝶飞舞，秋季层林尽染的景致。登临“花之王冠”高台，远望永宁阁，俯瞰大地艺术花海景观。世界芳华效果图见图 3–1–15。

图 3-1-12　一色台效果图（一）

图 3-1-13　一色台效果图（二）

图 3-1-14　花林芳甸效果图

图 3-1-15　世界芳华效果图

2. 天田山

天田山是全园最高点，山高 25 米，山体由开挖妫汭湖时产生的土方堆筑而成。天田园总面积 12.22 公顷，由山顶的永宁阁、文人园和花田三部分组成。设计以“回归自然”为主题，运用中国古典园林掇山理水的造园手法，营造出“高阁临妫水，瑞湖映天田”的盛世景象。

为契合世园会的主题，天田园的设计以植物景观为主，一方面以花田景观对中国园艺的起源进行追溯；另一方面则通过梅、兰、竹、菊等植物主题的景点，将中国传统文化中的诗、画、园林艺术与植物文化融合，在诗情画意的空间中展现特色植物，寄情山水，以树言志，以花比德。

天田园区总平面图见图 3-1-16，天田园鸟瞰图见图 3-1-17。

图 3-1-16　天田园区总平面图

图 3-1-17　天田园鸟瞰图

（1）花田——五谷丰登，山花烂漫

中华园艺源于农耕文明，为表达对中华园艺源头的追溯，将山体东坡设计成梯田式花田景观。为稳定山体表面土层，方便耕种，山坡效仿延庆山区的做法，设置层层毛石挡墙，形成颇具地域特色的“梯田”效果。设计选用适应延庆气候的天竺葵、六倍利等最新花卉品种，种植面积约 1.5 公顷的花田。花田上设计几组稻草艺术雕塑，展现包括耕地、播种、浇水、施肥、丰收等花农辛勤劳作的场景。梯田、花海、雕塑共同构成壮观优美的五谷丰登、山花烂漫的花田景观，象征着历史悠久的中华农耕文化。花田效果图见图 3-1-18。

图 3-1-18　花田效果图

（2）幽兰亭——兰之猗猗，扬扬其香

幽兰亭景区以兰花为主题。兰文化在中国源远流长，我国有关兰的文字记载距今已有两千多年的历史，兰花象征人品的高洁、幽雅。古有“夫幽兰之生空谷”之说，因而景点选址于文人园南部山体围合的半开放空间中，设计以质朴、幽雅的景观风格为基调。说到兰花，人们最先想到的是被誉为“天下第一行书”的《兰亭集序》。公元353年，王羲之在绍兴兰渚山下以文会友，写出此名篇。后世衍生出诸多描绘兰亭雅集的绘画作品，其中最著名的是文徵明的兰亭修契图。

“幽兰亭”的景观空间设计即源于文徵明的《兰亭修契图》，设计利用亭、曲水、置石等元素还原该场景，以亭及萦绕的溪流为景观主体，高低错落的景石置于溪流两岸，隐喻临溪而坐的文人雅士，使游人身临其境，体验古人文化生活。兰亭坐落于自然山石之上，泉水从亭下流出，增加生趣，同时叠水声反衬环境的幽静。于亭中可近瞰溪流，远眺永宁阁。

设计选用多首著名的咏兰诗词，如孔子的《幽兰操》等，同时选用了名家的兰花图，与诗词共同刻于景石之上。让游人在游览时，从诗歌、绘画中体会兰花的文化，寓情于景，诗、画、景融合。

由于延庆的气候不适宜种植兰花，因此以形似兰花的马蔺及鸢尾类为主，少量点缀兰花，沿着溪流和石缝种植，打造岸芷汀兰、空谷幽兰的景观。幽兰亭效果图见图3-1-19。

图3-1-19　幽兰亭效果图

（3）墨梅畔——不要人夸好颜色，只流清气满乾坤

墨梅畔设计以“梅”为主题，表现梅花的姿韵与品格。

梅花清癯典雅，傲雪绽放，象征淡泊坚贞，刚正不阿；梅花也是最早给千家万户报来春天信息的花。

梅是中国特有的传统花卉，已有3000多年的应用历史，自汉代开始中国人就有观赏梅花的习俗。历代咏梅的书、文、画很多，其中元代画家王冕的“墨梅图”因诗画俱佳而最有代表性：“吾家洗砚池头树，朵朵花开淡墨痕。不要人夸好颜色，只留清气满乾坤。”

设计以“墨梅图”石刻为主题景观，在景石上采用铸铜浮雕王冕的墨梅图及诗句。空间以杭州孤山为空间蓝本，以梅林为背景，于水边点缀几组嬉戏、展翅的铜鹤，展现“植梅放鹤”的意境。梅花的种植选用了北京适生的几个品种，包括杏梅－丰后、杏梅－淡丰后、美人梅和少量的真梅（江梅、宫粉、玉蝶、绿萼等几个品种）。

场地北侧布置青瓦景墙，梅花植于庭院墙角，表现“墙角数枝梅，凌寒独自开”的景观。配合景石与条石座椅，构成半围合的小空间。寓情于景，情景交融。墨梅畔效果图见图3-1-20。

图3-1-20　墨梅畔效果图

（4）竹里馆——独坐幽篁里，弹琴复长啸

在中国传统文化语境中，竹既是高风亮节、刚正不阿的象征，又是谦虚淡泊、潇洒俊逸的化身。中国最早的诗集《诗经》即有描写竹的诗篇：“瞻彼淇奥，绿竹猗猗。有匪君子，如切如磋，如琢如磨。”

设计以“竹”为主题，以唐代山水诗人王维的《辋川别业》中的“竹里馆”为蓝本。辋川别业是一片拥有林泉之胜、因地而建的天然园林，营建在具有山林湖水之胜的天然山谷区，对应每个景王维创作了《辋川二十咏》及《辋川图》，创造了意境深远、简约、朴素而留有余韵的园林形式，使其成为唐宋写意山水园的代表作品，很好地体现了和诗、画、景的融合。

竹里馆是王维辋川别业中的一处建筑，处于沿着溪流的竹林中，题诗为“独坐幽篁里，弹琴复长啸。深林人不知，明月来相照。”设计参考古人诗词及画作，以通过造园及植物配置，展现出竹里馆中所描述的意境。

选取滨水依山的场地，竹林掩映处建一座庭院，由水榭、爬山廊及八角亭围合而成。结合山体3米的高差设置了假山，又将水引入庭院，形成了山石、溪流的基底，溪流在山石间潺潺流动，配合早园竹、紫竹、黄金间碧竹及箬竹的种植，形成诗中所描绘的“幽篁”景观，结合山石设置“弹琴复长啸”的人物雕塑形象，展现诗中意境。竹里馆效果图见图3-1-21。

图3-1-21　竹里馆效果图

（5）荷风馆——出淤泥而不染，濯清涟而不妖

荷花是高洁、平和的象征，更有凌波仙子之雅号。古今文人喜欢以荷言志，荷花高雅的风韵渗透到了人类的精神世界。荷花亦是我国古典文学重要题材。

设计以“荷”为主题，以周敦颐的《爱莲说》为载体，表现荷花“出淤泥而不染，濯清涟而不妖”的品格。

荷风馆采用中国传统庭院的形式，以建筑围合的水面作为园林中心，水中种植多个品种的荷花。主体建筑位于湖面北侧，与西侧敞厅由连廊相接，与东侧方胜亭以曲桥相连，人行走在曲桥之上犹如行走在荷花之中。水体南侧设计观景平台，与主体建筑形成对景。水体中心设计太湖石以分隔空间，同时也是整个场地的视线焦点。通过景石上雕刻多处诗词名句、荷花地雕以及铜雕表现荷花的优美姿态。荷风馆效果图见图3-1-22。

图 3-1-22　荷风馆效果图

（6）松壑流泉——岁寒，然后知松柏之后凋也

在山的南坡，设计了一条苍松掩映、流水潺潺的景区——“松壑”。

松是挺拔傲雪、顽强不衰的精神代表。孔子曾赞松曰：“岁寒，然后知松柏之后凋也。”设计以“松”为主题，选取王维《山居秋暝》中“明月松间照，清泉石上流”的意境，表现松的品格和风姿。在空间形式上，设计参考了明代画家蓝瑛的《松壑图》，采用假山叠水的形式，形成蜿蜒曲折、高差约 12 米的山涧，表现山泉沿壑层层跌落入湖的景观。清泉边种植造型油松，形成如山水画般的景观，同时在山泉边的景石上镌刻咏松的诗词，让游人如步入诗歌画中游览。松壑流泉效果图见图 3-1-23。

（7）采菊台——采菊东篱下，悠然见南山

菊花在我国自有文献记载已有 3000 余年的悠久历史。它代表了芬芳高洁、不从流俗、卓然独立的君子品格，被誉为“花之隐逸者也”。

东晋陶渊明的“采菊东篱下，悠然见南山”、“不因彭泽休官去，未必黄花得须香”等诗句，将菊花开于暮秋、耐寒傲霜、不与群芳争艳的节气表达得淋漓尽致。

设计以“菊”为主题，选取最能代表菊花品格的诗——陶渊明的《饮酒（其五）》：“结庐在人境，而无车马喧。问君何能尔？心远地自偏。采菊东篱下，悠然见南山。山气日夕佳，飞鸟相与还。此中有真意，欲辩已忘言。”展现菊花所代表回归自然的理想中的田园生活。

设计于山体东侧毗邻花田设置的一处挑台，此处山高约 12 米，近可观赏壮美花田，举目远眺，远

图 3-1-23　松壑流泉效果图

山近水一览无余，从环境上来说，最符合“采菊东篱下，悠然见南山”的空间特点。场地内采用层层石片砌筑花台，放置以“采菊”为主题的自然景石，其上雕刻竹篮菊花及《饮酒（其五）》诗句。花台上种植的多品种菊花沿微地形倾泻而下，悠然自得的田园生活跃然眼前。

（8）丹枫台——停车坐爱枫林晚，霜叶红于二月花

枫叶是秋色红叶植物的代表，更是北京秋天特有的色彩。自古以来，人们爱好红叶，红叶表现了思念、悲秋与离别，还有不畏秋寒，凋零前的火红热烈的顽强精神。

在历代吟咏红叶的诗词中，最负盛名的诗作是唐代诗人杜牧的《山行》，诗人路过长沙岳麓山，写出了“远上寒山石径斜，白云生处有人家。停车坐爱枫林晚，霜叶红于二月花。”的名诗。

以“枫”为主题设计，以杜牧的《山行》为载体。丹枫台选址于天田山体东北北侧高约20米的山脊上，近可观山林秋色，远可观妫水河、官帽山。

场地紧邻上山主路，以种植池与主路相隔，形成独立的休憩观景空间。种植丛生五角枫、黄栌、茶条槭等秋季观叶植物。地面铺装镶嵌枫叶铜雕，辅以展现秋季满地落叶的场景。入口设置景石，雕

刻“停车坐爱枫林晚，霜叶红于二月花”诗文。诗与景融合，让游人在风景中体验诗意，在诗词中感受风景。

“编篱种菊，因之陶令当年；锄岭栽梅，可并庾公故迹。寻幽移竹，对景莳花。”总之，天田园的种植设计除了提供观赏、游憩的功能之外，更希望能让人寄情与山水，回归自然，通过对植物的欣赏品鉴，在园林中体味到深厚的中国传统文化，在青山绿水、碧树繁花中找到心的家园。

3. 永宁阁

在山水园艺轴两侧，如果说位于东侧的妫汭湖好像是面向未来的蓬莱仙境，那么位于西侧的天田山就好比隐藏在历史深处的昆仑悬圃，而永宁阁就是伫立于昆仑山顶的金台玉楼（图 3-1-24）。在中国人的心目中，一座好的园林不仅要有山有水，有琪花瑶草，也要有琼楼玉宇，方称完美，掩映于青山绿水间的亭台楼阁早已成为中国人心中人间仙境的象征。把天田山比作昆仑山是贴切的，一方面它与妫汭湖一起构成的山水组合恰好是中华大地地理形势的写照，另一方面天田山本身的景物构成也与神话传说中的昆仑山相似。《淮南子 · 墬形训》:“昆仑之丘，或上倍之，是谓凉风（一名阆风）之山，登之而不死；或上倍之，是谓悬圃，登之乃灵，能使风雨；或上倍之，乃维上天，登之乃神，是谓太帝之居。”天田山脚下不仅有文人园的醴泉瑶池，还有三面环绕的梯田花海，不正是传说中的阆风之苑吗？山腰处起层台，台上有永宁阁，不正是昆仑宫中的金台玉楼吗？面对如此美景，人们又怎能不生出阆苑琼楼、瑶台仙境之想？

图 3-1-24　永宁阁效果图

永宁阁是一座中国传统形式的楼阁建筑，阁高27.6米，加山体总高52.6米，为园区制高点（永宁阁鸟瞰图见图3-1-25）。基于北京建都始于辽金两朝的历史事实，永宁阁采用中国中古时期的建筑风格。在对辽金及两宋楼阁加以综合研究的基础上，以《营造法式》为依据，进行了适合项目特点的再创作。按照中国山水式宫苑建筑传统，采用“高台阁院”式布局，总体意象可以概括为：“花田错落，重台参差，高阁耸峙，回廊环绕。”依据天田山的体量和走势，将承台置于山顶靠南一侧，消防车可由东西两侧抵达承台北侧，再经游廊豁口进院。在山的南侧，从山脚下的文人园沿溪流拾级而上，即到达山腰处的承台起点。台分两级，低台高度近8米，台面呈T字形，南北进深40米，游人可沿两侧台阶上至台面，于此稍作停留以便拍照留影。通往高台的台阶位于低台北端，上下高差近7米。高台呈64米见方。居中高阁耸立，四周廊庑拱卫，台边白石护栏。四面门庑分别悬挂海晏、河清、风调、雨顺匾额。楼阁四面，院落四方，象征四海升平、国泰民安。

图3-1-25　永宁阁鸟瞰图

永宁阁建筑形象源自对中古楼阁的系统研究，体现了阁式建筑的两个关键特征，即“平坐上建屋”和“四阿开四牖”。阁主体为地下一层，地面以上明两层、暗一层，建筑面积2025平方米。自上而下，屋顶重檐歇山十字脊，“永宁阁”斗匾放置于南侧上下檐之间，匾高2.7米。二层平面呈正方形，殿身面阔进深各三间，副阶周匝深半间。室内为九宫格式平面，明间面阔5.4米，次间面阔3.6米，中央十字为开放空间，四面开门通往外廊，四个角隅分别为两部楼梯、一部电梯和管理用房。室内净高9.5米，半空高悬“其宁惟永”匾额，匾长 3.6 米。顶棚以斗栱、月梁承托平棊，天花贴金，熠熠生辉。副阶廊深 1.8 米，平坐木勾栏。平坐楼面比园区主路高约 37 米，游人在此不仅可以俯瞰全园，更可近览妫水，远眺群山，为全园观景最胜之地。平坐以下为暗层，包含展览空间和设备用房。首层底座为 1.2 米高的青白石须弥座，台边护以白石单勾栏。廊深 3.6 米，上覆腰檐，四面添加龟头式抱厦（图 3-1-26 ~ 图 3-1-28）。

图 3-1-26　永宁阁剖面图

图 3-1-27　永宁阁实景（一）

图 3-1-28　永宁阁实景（二）

第二节　两轴

1. 山水园艺轴

山水园艺轴描绘出一首东方神韵的山水园艺诗篇。该区作为展现中国园艺风采的轴线，以山、水、林、田、花为设计构成要素，勾勒出一幅诗意的山水田园画卷。山水园艺轴平面图见图 3-2-1。山水园艺轴鸟瞰图见图 3-2-2。

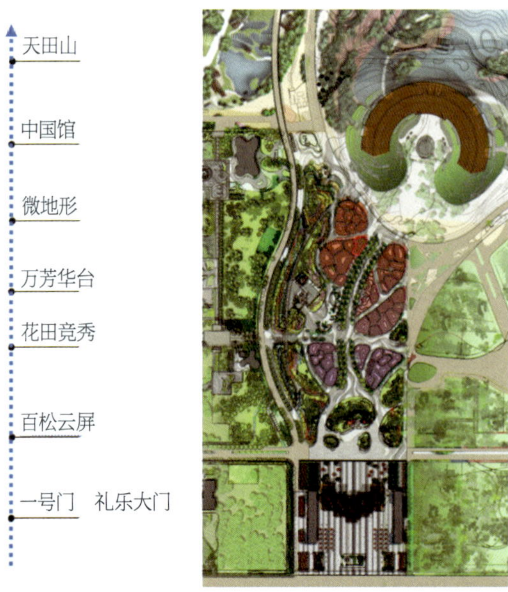

图 3-2-1　山水园艺轴平面图

图 3-2-2　山水园艺轴鸟瞰图

（1）礼乐大门

山水园艺轴的起点处为“礼乐大门”，展现大国礼仪与风范。礼乐大门鸟瞰图见图 3-2-3。礼乐大门平面图见图 3-2-4。

图 3-2-3　礼乐大门鸟瞰图

图 3-2-4 礼乐大门平面图

（2）百松云屏

进门后“百松云屏”开启通往花田和展馆的画卷，继承前人的造园手法（框景、借景等）通过造景要素的剪裁和艺术加工组织成一幅展开的卷轴式山水画卷，再现传统园艺精髓。百松云屏鸟瞰效果图见图 3-2-5。

图 3-2-5 百松云屏鸟瞰效果图

（3）花田竞秀

“花田竞秀”源于此地原有的农田景观，呈现一派“渠网密布，阡陌纵横”的屯田景象，体现出人与自然和谐共荣的中华精神。“花田竞秀”贯穿于整个山水轴线南段，近可观花田，远可遥望中国馆、天田山、永宁阁。周边花田围绕，色彩艳丽，花香满园。花田竞秀效果图见图 3-2-6。

图 3-2-6　花田竞秀效果图

（4）万芳华台

“万芳华台”位于整个轴线的中段，灵感源于北京先农坛观耕台，通过此台近可观花田景观，远可向东北遥望中国馆；周边围绕花台和花坡，空间层次丰富，并提供休息与停留的广场空间。万芳华台立面图见图 3-2-7 和图 3-2-8。万芳华台鸟瞰图见图 3-2-9。

图 3-2-7　万芳华台立面图（一）

图 3-2-8　万芳华台立面图（二）

图 3-2-9　万芳华台鸟瞰图

（5）尾声——“颂”

结尾处，作为山水园艺轴的收头，主题为“颂”。它是山水园艺文化的升华，因此，设计结合现状的杨柳林作为背景，以一个逐步抬升的小土丘为基地，遍植柳树，坡顶设台，游人置身柳梢之间，远眺海坨，近赏妫水，让人感受山水林田湖的自然颂歌。晴日台效果图见图 3-2-10。

图 3-2-10　晴日台效果图

2. 世界园艺轴

世界园艺轴通过蝶恋花理念与流动线条的蝴蝶铺装表达出一幅绚丽多彩的世界风情画卷（图 3-2-11）。

总平面图

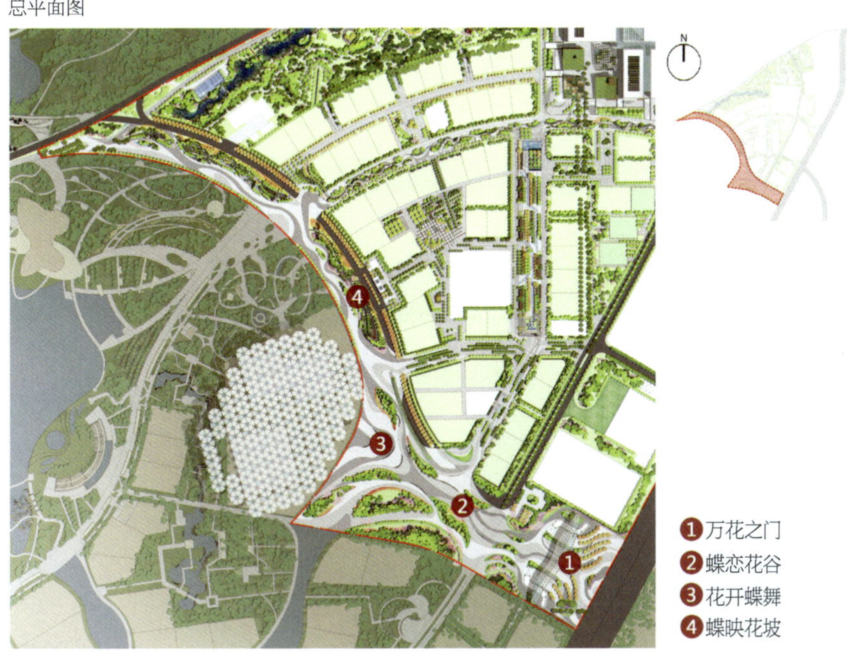

图 3-2-11　世界园艺轴平面图

设计理念：蝶恋花，世界花卉，引蝶而来，百花争艳，蝶飞凤舞。

设计策略：引种各国花卉，打造绚丽国际的园艺景观；提取蝴蝶元素，展现花引蝶舞的设计理念；抬高部分地形，营造层花叠现的画面意境；增加趣味小品，完善丰富多样的功能需求。

（1）万花之门

门区掩映在大树林荫中，入口通过垂直绿化技术，用花卉包裹门区建筑柱体，与门区共同构筑绚丽风情（图 3-2-12）。

设计理念：五彩花之门。

图 3-2-12　万花之门

（2）蝶恋花谷

利用两侧相夹的地形空间，采用植物造型艺术手法形成蝴蝶花谷，远看为蝶，近看为花（图3-2-13）。

图3-2-13　蝶恋花谷

设计理念：蝶恋花。

设计亮点：结合地形设计，形成由花组成的蝴蝶造型，迎客引客。

（3）花开蝶舞

白天结合国际馆前流线型绿岛，采用植物造型艺术手法设置花开蝶舞主题园艺小品，夜间通过灯光投影技术，使蝴蝶漫天飞舞于广场上，与国际馆花伞共同构筑蝶舞花开景象（图3-2-14）。

设计理念：以蝶引花，展示世界花卉。

设计亮点：世界花卉 + 蝴蝶主题植物立体展示墙。

（4）蝶映花坡

以蝴蝶作为引线，沿国际轴种植引种花卉，使蝴蝶与花坡交融掩映，芳香四溢（图3-2-15）。

设计理念：世界花卉，引蝶而来。

设计亮点：引种地被花卉 + 高新科技 + 趣味科普。

图 3-2-14　花开蝶舞

图 3-2-15　蝶映花坡

第三节　三带

1. 妫河生态休闲带

2019 世园会是历届世园会中唯一有自然河流从园区穿过的一届园艺博览会。妫水河穿园区向西蜿蜒流过，两畔绿树繁花，鸟鸣啾啾，远山和近水遥相映衬，形成了“三面环山，一水中流”的大山水格局。在规划中，通过对滨河空间以及景观通廊进行建设高度、建设强度等层面的设计优化，借助世园会的举办，营造城市边的自然滨河景观，形成一条以滨水休闲为主题的，以感受自然园艺为特色的精神栖息家园（图3–3–1）。

图3–3–1　妫河生态休闲带鸟瞰图

通过对妫水河的生态治理，堆筑浅水湾25.66万平方米，种植水生植物36.99万平方米，建设生态浮岛1600平方米等；根据河岸高差，打造自然驳岸，现状水岸两侧陡坡驳岸结合护坡工程措施增加胡枝子、荆条等护坡植物，控制水土流失，缓坡驳岸则保留现状芦苇、香蒲、藨草、鹅绒委陵菜等水生植物及地被植物，裸露驳岸补植芦苇、香蒲、野青茅、狼尾花、水芹等水生及地被植物；同时，在原妫水河森林公园滨水空间的基础上进行低开发强度并能够满足办会需求的景观提升，选取观山望水视廊俱佳的位置设置观景平台，修建景观栈道，全面提升园区的水生态环境，为世园会的成功举办提供优质的滨水景观。

沿妫水河南岸，加强对原有坑塘、水渠和功能湿地等水体自然形态的保护和恢复，维护其自然循环、净化的生态途径；同时优化种植设计，改善结构单一的植被群落，增加蒙古栎、元宝枫、油松、云杉、胡桃楸、胡枝子、小花溲疏、三桠绣线菊、大叶铁线莲等乡土树种，提高林地的生态功能，将妫水河滨河景观作为绿色发展的载体，对生态环境进行修复，为改善区域生态环境和景观质量搭建生态文明建设的良好平台。同时，在设计中结合园艺展览与旅游体验的需求，融入多业态的思路，体现世园会“生态优先，师法自然；创新办会，永续利用”的规划理念。发挥生态保障、水源涵养、旅游休闲、绿色产品供给等功能，体现“绿色生活，美丽家园”的办会主题，打造示范性生态世园。

妫水河北岸与世园会核心展示区域隔河相望，依托世园会建设，在充分保留现状植被的同时，丰富种植层次，补充完善设施。营造尺度宜人的阳光草坪和滨水步道，可以看到不时有水鸟从芦苇丛中飞起，感受自然的魅力。利用现状杨树林高大挺拔的优势，为对岸世园会核心展示区域提供了良好的绿色背景，而金秋时节它们更如一道金黄的飘带舞动在妫水河岸边，在杨树周边种植秋色叶树种，如银红槭、银白槭、元宝枫、红瑞木、黄栌等，与大杨树呼应，形成绚丽的秋色叶景观，秋季一到，层林尽染，落叶纷飞，与如画般的山水融为一体（图 3-3-2）。

图 3-3-2　滨河步道效果图

2. 园艺生活体验带

园艺生活体验带，串联园区主要展馆。以闻得见花香，听得见鸟鸣的游览体验为特色，使游客感受着自然界万物生长的奇妙过程，配合设置特色休闲廊架及林荫步道，营造宜人的游赏空间。

从生活体验馆至国际馆沿线，重点展现植物萌发与生长的过程，通过融合地雕等景观设计手法表达种子的生长足迹，展示其生长过程中必不可少的土壤因子、阳光因子和风因子。土壤因子展示台展示种子赖以生存的生长基质，种子的足迹由此展开，开始萌发生根；继而感受阳光因子，种子破土之后，在阳光滋润下茁壮成长；成熟后受到风因子的影响，以风媒作为种子的传播方式之一，继续繁衍，完成生命周期（图 3-3-3）。

图3-3-3 “种子与阳光”效果图

从国际馆至园艺小镇沿线，重点展现植物的传播，融入“一带一路”设计思想，设计长约1.4公里丝路驿站（图3-3-4），以“丝路花雨”为主题，讲述了7种中国原生植物在世界传播和生长的故事，包括：有一千多年栽培历史的杜鹃，相传神农时代就开始栽植的月季，中国原生种占世界品种60%的萱草，公元17世纪传入欧洲的菊花，象征国家繁荣、富贵的“花中之王”牡丹，从甘肃传播到地中海的桃树，代表真善美的荷花等。

图3-3-4　丝路驿站效果图

从园艺小镇至植物馆沿线，重点展示植物、动物与人息息相关的紧密联系。以华北地区乡土植物茎、叶、花和华北地区常见昆虫为主题的标本墙，表现自然之美和区域的生物多样性，结合废旧材料和其他材料制作的动物雕塑，营造色彩多样造型卡通的趣味性景观场景。游赏之余，通过云朵状遮荫廊架形成舒适的游览空间，在科普的同时，描述植物、动物与人之间的和谐关系，形成“一径春烟间百卉”的景色（图3-3-5）。

图 3-3-5 “一径春烟间百卉”效果图

3. 园艺产业发展带

园艺产业发展带是集中展示园艺新品种、新技术、新工艺，提供园艺产品交易推广的产业发展平台，推广知识创新，为世园会会后利用和区域产业发展预留空间。

为满足会时配套商业服务功能，在园艺产业发展带建设花卉商超，以山丘和溪谷为原形，借助传统屋架形制演绎而来的曲线屋廓，串联起舒展流畅和高低起伏的脊线，形成一幅层层叠嶂、交错纵横的山水丘陵画卷，营造出一个集体验与观赏、实用与现代的特色商业建筑，为人们提供一个亲近宜人、舒适愉悦的绿色集市。在满足主要商业功能的基础上，增加游览趣味性，融入多样化的娱乐、展示空间。同时，天光、绿化、花卉充盈着建筑的每一处空间与缝隙，既提升了商业活力，也让人们多方位体验到绿色生活的愉悦，感受到浓厚的传统文化氛围（图 3-3-6）。

图 3-3-6　园艺产业发展带花卉商超效果图

第四节　多片区

1. 园艺小镇

园艺小镇位于世园会围栏区西北部，毗邻妫水河，背靠永宁阁，曲径通幽，花海环抱，总占地面积8公顷，地上总建筑面积6.4万平方米，会时拟建设约2万平方米。按照世园会总体规划要求，园艺小镇紧扣“绿色生活、美丽家园”的办会主题，会时主要承担展示家庭生活园艺的功能。小镇建设遵循“尊重自然、产业主导、地域特色、节约资源”的设计理念，打造包括产业小镇、美丽小镇、宜游小镇、绿色小镇、智慧小镇在内的五位一体特色小镇，让居民“望得见山、看得见水、记得住乡愁”，实现人与自然和谐共生、永续发展。园艺小镇北区为接待服务中心，南区涵盖主题艺术馆、大师工坊、隆庆花街、文创中心、访客中心、原乡居民体验馆、花田等区域（图3-4-1）。

图3-4-1　园艺小镇鸟瞰图

园艺小镇内的建筑和景观均展现出淳朴敦厚的原乡风貌，从传统中式戏台汲取灵感的主题艺术馆、延续了四合院格局的大师工坊、以“山房互成”为意向的文创中心……青砖灰瓦的房前屋后是家乡的槐树枫树、牵牛鸡冠，蜿蜒的溪水诉说着悠远的历史，自然与文化交汇融合（图3-4-2）。

图 3-4-2　主题艺术馆效果图

核心区的十字花街，秉承中正大方的空间格局，体现传统深邃的中华文化，铺设当地特色的石板路，配合现代化功能的各类设施，形成一条具有当代中式特色的商业步行街。主街取名隆庆花街，寓意世园隆盛，普天同庆，共建美丽家园（图 3-4-3）。

图 3-4-3　隆庆花街效果图

小镇的西南区域在2019北京世园会时是花卉展示园。绚丽多彩的花田中错落有致地布置了小型岩石园、容器园，展现花卉生长多样的生境和花卉组合之美；十余个风格迥异的花园，是世界知名花园设计师们的大作；路边的花境，是北京市宿根花卉、乡土植物应用重点课题成果的集中展示；立体花坛再现了古代边关战时御敌、闲时耕作的生活场景，展现延庆独特的地域文化和历史往事。还有全球几大育种公司布置的体验花园，承载了多彩的自然和多样的文化；休闲廊架周边的乡土蔬菜园、一米花园，是举办园艺体验活动的场地。

2. 世界园艺展示区公共区

国际展园核心轴以讲述种子与水的故事为景点设计及命名思路，自南向北分别为雪中孕育、破土而出和田连阡陌（图3–4–4）。水是万物生长之源，水为种子的发育带来养分，同时也为种子的输送提供媒介。水在冬季化成冰雪，确保种子萌发孕育所需要的温度。植物在水分的滋养下茁壮生长，光合、蒸腾作用都需要水的参与。植物在索取水分的同时也涵养保护水源，减少地表径流，维持生态循环（图3–4–5）。

（1）雪中孕育

通过雪花形降温遮阳设施的设计，体现种子在冬季冰雪环境下等待萌发（图3–4–6）。

（2）破土而出

通过大地崩裂形态的种植池中的水池以及水池中央的种子雕塑，体现种子在水分的滋润下破土而出，萌芽继续生长（图3–4–7）。

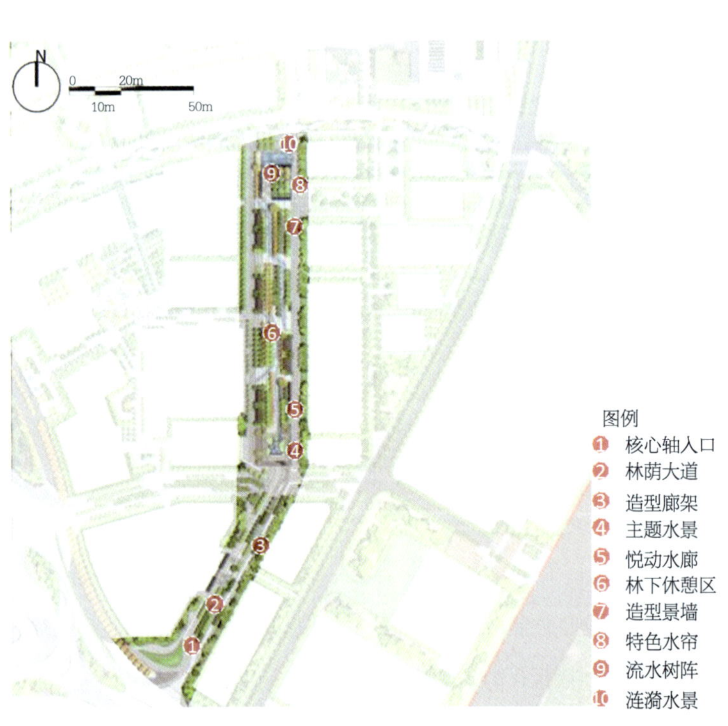

图3–4–4　国际展园核心轴平面图

图 3-4-5　国际展园核心轴起点效果图

图 3-4-6　雪中孕育效果图

图 3-4-7　破土而出效果图

（3）田连阡陌

通过南侧水墙体现水的来源，中段水渠以及绿地的分隔模仿水田形态，形成阡陌水田，北侧水景表现水波纹（图3–4–8和图3–4–9）。

图3-4-8　田连阡陌效果图（一）

图3-4-9　田连阡陌效果图（二）

3. 中华园艺展示区公共区

中华园艺展示区公共区以“君子之道·园艺客厅”为设计理念，以“花中四君子”为文化符号进行演绎，突出中华文化特质，营造大树上盖、自然休闲、导向明确、功能和景观兼备的公共景观空间。公共空间的核心区还设有“同行广场”，寓意“同心同德，同向同行；砥砺奋进，筑梦中华”。

（1）君子之道

中华园艺展示区设四个入口，分别冠以“梅、兰、竹、菊”四个主题，四个入口彼此相连，形成“君子之道”，展现以花喻人、物我相融的中华园艺文化特质（图 3-4-10 和图 3-4-11）。

A 中国馆
B 国际馆
C 妫汭湖
1 君子之道－梅入口
2 君子之道－兰入口
3 君子之道－竹入口
4 君子之道－菊入口
5 园艺客厅
6 同行广场

图 3-4-10　中华园艺展示区平面图

图 3-4-11　中华园艺展示区入口效果图

（2）园艺客厅

园艺客厅是依附于主游览路线两侧的休憩空间，具有不同的主题特色，由展现中国园艺文化特质的竹藤格栅、靠背坐凳和景观小品组成，休憩其中可感受园艺雕刻、诗词、涌泉等内容，是小巧精致的园艺休憩空间（图 3-4-12）。

（3）同行广场

同行广场是展现中华大地风采的重要舞台，由三十一个省（市）自治区及港澳台提供本地区最具地域特色的景观石，共同组成广场的主景观，并在广场中央以长江、黄河图案铺地，布置二十四节气文化雕刻，传承和弘扬中华优秀传统文化（图 3-4-13）。

图 3-4-12　园艺客厅效果图

图 3-4-13　同行广场效果图

4. 自然生态展示区

本区域位于世园会园区北部，是以妫水河森林公园为基础进行景观改造提升的休闲体验区，整体沿妫水河布局，是园区总体规划“一心两轴三带”中妫河生态休闲带的重要组成部分，面积约为113.86 公顷。自然生态展示区以顺应自然为设计原则，通过保护现状植被，同时选择适地的品种进行补植，形成与核心区的软隔离，塑造静谧的休闲空间，为游客提供滨河、湿地、森林等丰富的游览活动和园艺体验空间；通过生境营造，丰富场地内生物多样性，为沿妫水河迁徙与栖息的水鸟、鱼类和昆虫保留和营造栖息环境；恢复现状池塘湿地净化功能，打造湿地净化展示区、湿地恢复区和自然湿地引鸟区，成为园区湿地科普教育示范点；结合场地优势，展示将本土文化与现代科技相融合的“流光森林”夜间景观，为游客提供全新的互动式极致体验（图 3-4-14）。

图 3-4-14 自然生态展示区鸟瞰图

（1）湿地区

本区现状为人工湿地，为了能够充分利用该资源条件，园区总体规划中对湿地的定位是：承担为妫汭湖初次补水净化与日常水体循环净化的责任，是全园水系“三循环、一连通”的重要组成部分。由于现状人工湿地年久淤泥大量沉积，无法满足会期需求，因此根据园区水量和水质控制要求及条件进行湿地区设计。针对景观水体的自然与人工环境条件，将水产生物技术与水环境净化技术紧密结合，进行水生态系统构建，促进整个生态系统自我维持、自我演替的良性循环，达到重建水生态系统的良好结构的目的，实现水体的净化和长效水质保障；同时，根据当地的水土特点与气候特征，选择适合观赏的成片特色湿地植物，岸线采用群落与线形结合的方式围合成具有较强观赏性的湿地生态群，通过游览栈道的设置增强游人的可达性、观赏性与亲水性（图3-4-15）。

图3-4-15　湿地区建成图

（2）生境科普区

在规划设计前期，首先基于对区域内的生物本底调查研究分析，识别出自然生态区中重要的栖息地类型、空间分布区域及相应的现存重要物种。其次，根据现存问题提出具有针对性的、可实施性强的目标和生态解决策略，其中包括植被的优化：通过对场地内旱生林、湿生林、林缘地带采用近自然的方式进行修复与管理，从而优化场地景观结构，提升生态价值；在此基础上，采用景观营造的方式，根据不同生物的生命周期特征以及对其栖息环境的要求，通过植物的配置与其他环境因素的优化和改造，为场地内已存在鸟类、鱼类、蝴蝶、蜜蜂以及潜在物种营造适宜生存的场所，从而增加区域的生物多样性，提升区域生态系统的稳定性。同时，根据不同生境特点，结合活动场地、亲水平台等休憩观景节点设置科普展板，让游客在游赏中了解自然（图3-4-16）。

（3）山水颂歌广场

广场节点以“山水颂歌”为主题，在园区内妫水河水面最宽阔处营造一个看山望水的空间。广场保留利用了场地中优良的现状乔木，局部开阔区域设计集会广场，并在其中布置绿岛，围合出若干小型休憩空间。北侧保留了烧毁的树林、卵石叠水等自然景观（图3-4-17）。

图 3-4-16 自然生态展示区建成鸟瞰图

图 3-4-17 山水颂歌建成图

（4）海坨天境

沿河设计木栈道与亲水木平台及自然草坪，营造望山观水的最佳体验空间。在这里，可以西望海坨峰、北眺冠帽山；近观妫水河波光粼粼，芦苇丛丛，远看对岸林木葱郁、雀鸟啁啾，让游客在远山近水中放松心情，感受自然的野趣（图 3–4–18）。

图 3–4–18　海坨天境建成图

（5）芦汀林樾

保留区域原有特色，百树参天，郁郁苍苍。蒹葭萋萋，白露未晞，所谓伊人，在水之湄，营造能够让人静谧思考、放松心灵的环境。希望游人能够在此告别城市的喧嚣，回归自然、体验自然、感受自然（图 3–4–19）。

图 3–4–19　芦汀林樾建成图

（6）流光森林

该景点以创新互动影像集成载体为呈现方式，融合多元化的互动方式，将虚拟奇幻植物与真实植物环境叠加在一起，打造一个梦幻的林中流光世界。本项目立足世园会的主题、目标、理念和展示需求，开展面向智慧体验特别是户外夜间互动影像景观的关键技术研发与系统集成，配合展示中国特色传统文化与园艺文化的示范性内容，将传统文化与创新技术相结合，为游客提供全新的极致体验效果。

第四章

主要建筑及亮点

第一节 中国馆

1. 项目概述

中国馆位于博览会园区的核心景观区，作为本届世界园艺博览会的标志性建筑，地处山水园艺轴中部，北侧为妫汭湖及妫汭剧场，西侧为山水园艺轴及植物馆，东侧为中国展园及国际路，南侧为园区主入口（图 4–1–1）。

项目用地面积 48000 平方米，总建筑面积 23000 平方米，其中地上建筑面积为 14902 平方米，地下建筑面积为 8098 平方米。项目由序厅、展厅、多功能厅、办公区、贵宾接待厅、观景平台、地下人防库房、设备机房、室外梯田等构成。展厅以展示中国园艺为主。

图 4–1–1　中国馆总平面图

项目采用覆土建筑的手法，建筑设计与景观设计一体化，将主体建筑包围在五彩梯田之中。项目为地下一层，地上两层，局部夹层。建筑整体呈“C”形环抱之势，围合出前广场，作为集散空间。建筑首层中部架空，架空部分与北侧的妫汭湖贯通，人群能从广场直接到达北侧的景观湖畔亲水空间。

地下一层中部是展厅，展厅南侧为多功能厅及下沉水院，东侧为展方库房、管理方库房和设备用房，西侧为设备用房和纪念品销售处。首层布置序厅、展厅、贵宾区、厨房、消防控制室等。局部夹层布置厨房、员工食堂、办公区、媒体区等。二层中部为室外观景平台，东西两侧为展厅。

参观者首先经过开敞的半围合式前广场，在树荫下排队入场，避免暴晒。进入展馆后沿单一流线依次参观各展厅，最后引导至北侧人工湖边。利用场地天然高差，使入口和出口位于不同方向、不同标高，避免人流交叉。

展馆内部空间开敞，具有高度的适宜性，便于灵活布展，使用率达 80%。中部为展览空间，边缘为交通空间和辅助空间，与中间高、边缘低的建筑空间形态相吻合。

建筑方案充分考虑了会后利用的各种可能性，大空间便于灵活分隔、改造利用，二层屋盖下方空间采光良好，未来可举办高端园艺展览，亦可举办园艺创意工坊，传播普及园艺文化。临湖空间景观视野绝佳，可改造为景观餐厅、茶室、特色商铺等（图 4-1-2）。

图 4-1-2　中国馆效果图

2. 展览介绍

中国馆的展览部分以“生生不息，锦绣中华”为展示理念，综合运用实物展陈与场景再现、传统园艺手法与数字新媒体相结合的形式，全方位、多角度地展示我国生态文明建设理念、成就、地域特色和世界影响。展览涵盖四大展区：包括中国生态文化展区、中国省区市园艺产业成就展区、中国园艺类高校及科研单位科研成果展区和中国非物质文化遗产插花艺术展区。通过四大展区，展示生态文化，共谋全球生态文明建设；展示各省区市园艺产业发展、园艺科技创新以及高新成果；展示科研单位代表国际领先水平的技术、与百姓生活紧密相关的绿色发展成果、中国原创的园艺产业科技成果等；展示中国传统插花经典作品，传承与创新中国传统文化（图 4–1–3）。

序厅展览面积：785m²
中国省区市园艺产业成就展区总展览面积：9177m²（展位面积 3190m²）
中国园艺类高校及科研单位科研成果展区展览面积：1000m²（展位面积 300m²）
中国生态文化展区展览面积（含多功能厅）：3500m²
总展览面积：14462m²

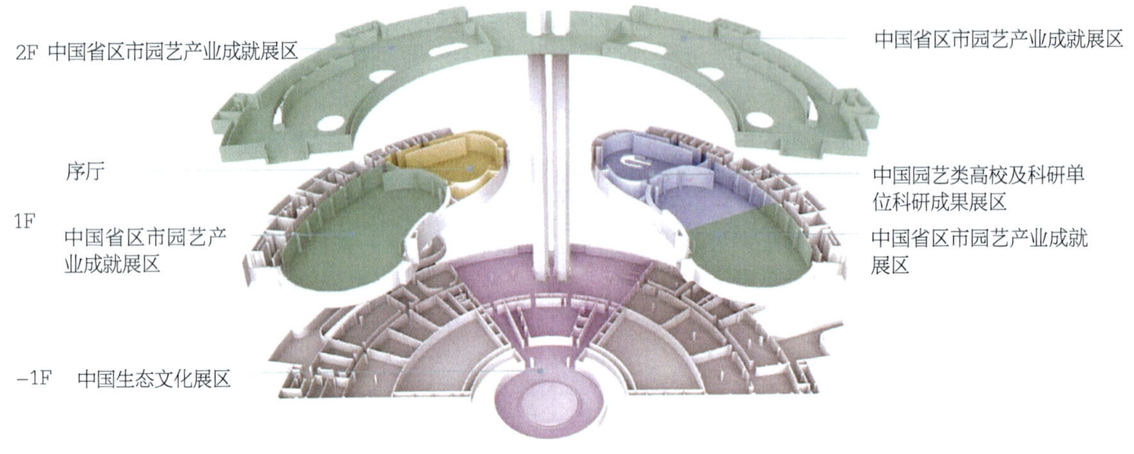

图 4–1–3　中国馆功能分区图

其中重点展示代表中国的、有自主知识产权、有国际影响力的观赏园艺产业链产品、技术、材料以及相关绿色生态技术。通过对中国前沿技术节点的科普，体现中国现代先进的观赏园艺技术以及未来发展方向。

另外，还以甲骨文、《诗经》中的植物等为素材，结合现代科技手段，展示天然质朴的人与自然和谐共生的科学自然观；借助《富春山居图》大型长卷展墙与镜面装置，以精美的押花、插花等工艺，结合现代多媒体互动技术，展现秀丽多姿的绿水青山；以影像与图文交织辉映的效果，阐释我国新时代推进生态文明建设的方向。

中国馆会后将继续作为大型园艺展览馆，并成为"北京花展"的主展馆，力争将"北京花展"打造成和英国切尔西花展齐名的世界级花展。

3. 设计理念

园艺文化脱胎于农耕文明，而数千年的农耕传统使中国人对土地和自然有独特的理解：天道有常，花开花落，春华秋实，生生不息。中国哲学追求"地物和谐，天人合一"之境界：土地孕育生命，万物循环往复，相伴相生。设计从园艺文化和中国传统哲学出发，以层叠的梯田肌理为本底，勾勒出中国馆圆满温润的轮廓，使之成为园区的核心和焦点。移天缩地，环山抱水，气象万千，中国馆以欢迎之态、包容之势，向世界徐徐展开一幅金碧山水的锦绣画卷。建筑设计与景观设计一体化，从五彩梯田到与天对话的一池净水，再到缤纷的四季花园，建筑中部底层架空，北侧湖景渗入入口广场，远借海坨、冠帽之景，内外交融，开放通透，将山水林田湖浓缩其间，传达“芥子纳须弥”的美学意蕴。徜徉其间，仰观俯察，无处不自然，无处不园艺（图 4-1-4）。

图 4-1-4　总体鸟瞰效果图

中国馆外表简洁大气，而内含锦绣，充分挖掘场所精神和地域文脉，从延庆古崖居抽象出基本空间格局。屋架与笼罩其中的山形建筑形成层次丰富、连续流动的开放空间（图 4–1–5）。

图 4-1-5 人视效果图

建筑包围在绿意盎然的环境之中，周边绿化延续梯田肌理，与建筑主体造型相统一，并与西北侧的天田山融为一体，同时体现了农耕文明与园艺文化的主题。集散广场中央为水院，为建筑地下部分带来良好的采光。水院两侧为树院，为会时排队等候的人群提供遮荫。在炎炎夏日，水池还能提供喷雾，为室外等候的人群加湿降温。建筑南侧结合人流方向设置导流绿岛，地面铺装采用流线型线条，形成独特的广场景观。灯具、垃圾箱采用独特的设计表现园艺主题，与园区整体风格协调一致（图 4–1–6、图 4–1–7）。

图 4-1-6 室外效果图（一）

图 4-1-7　室外效果图（二）

在剖面设计中，主要展厅层高 10 米，主要考虑到首层中部架空空间向园区开放，观众可穿过建筑到达湖畔的亲水空间。此外层高 10 米也考虑到展品尺寸的不确定性和展馆的节能，避免过于高大的展厅带来巨大的空调能耗。

整个建筑立面设计简洁大气、手法统一。巨型屋架从花木扶疏的梯田升腾而起，恢宏舒展，承汉唐遗风，启盛世形制。局部可开启的太阳能瓦隐现其间，随光影而变，气韵生动。大气磅礴的屋顶隐喻着中国传统建筑的印象。屋脊微微弯曲，形成舒展而优美的曲线，仿佛一柄精美的如意，蜿蜒在延庆的大地上，与长城雄姿交相辉映。用现代的手法表达出中国传统哲学与园艺思想的精髓。

4. 设计亮点

建筑选择耐久性好、生产加工技术成熟的建筑材料。屋架采用转印木纹铝板，保证效果，节省造价，且具备自洁性，便于后期清洁维护。建筑基座的梯田部分，垂直面使用石笼墙，既具有自然生态的效果，又让人联想到长城砖，体现延庆特色。

上部屋盖采用双层围护，外部为光伏太阳能板和中空夹层玻璃，内为 ETFE 膜，达到节能标准。利用入口大厅南向屋顶幕墙安装太阳能光伏发电系统，采用“自发自用，余量上网”的模式，为中国馆的正常运营提供电力。南向屋面上布置上百块太阳能光伏板，凸显环保理念与现代性，融入钢构架与绿植系统，和谐共生，相得益彰。太阳能光伏板为半透明的金黄色，颜色在同一色系下有微弱差别变化，在展厅内洒下斑驳的光影，如梦如幻。在斜构架下的室内加装 ETFE 膜作为植物保温层，以适应延庆冬季长、气候寒冷的特点，减少建筑能耗，达到节能减排的目标。幕墙与内层膜之间的空气层，在夏季及过渡季通过开启幕墙的可开启扇进行通风，防止幕墙内表面的结露。冬季关闭可开启扇，并保持中间空气层密闭，设置独立的除湿通风系统，对空气层的空气进行循环除湿，防止因内部空气湿度过大出现结露（图 4-1-8、图 4-1-9）。

图 4-1-8　室内实景图

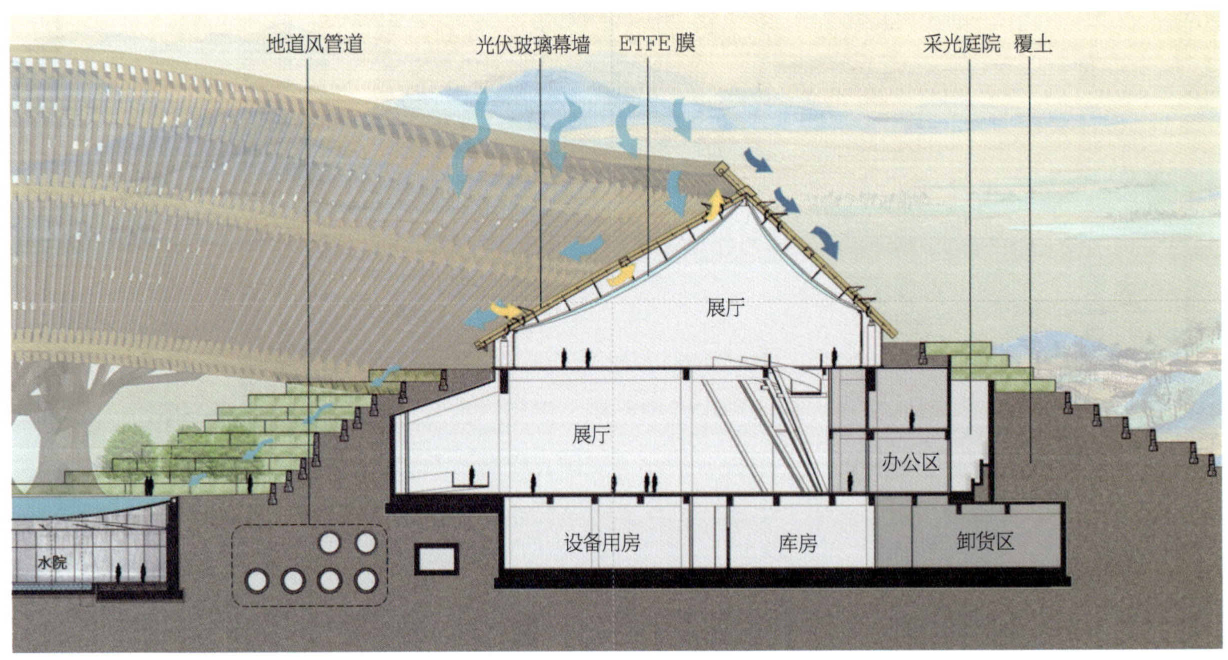

图 4-1-9　绿色技术集成示意图

展厅下部采用钢筋混凝土结构，上部屋架则采用钢结构，中部结合电梯筒设置树状钢支撑，解决中间跨度大的结构问题。

项目室外场地风环境控制优化的重点在于冬季场地风速的控制。建筑主体采用环抱布局，营造北方经典庭院环境,从而达到冬季的避风效果。而在过渡季、夏季强调在地上展览室内空间采用自然通风，利用专用自然通风系统，满足人员舒适度要求。

大部分展馆置于梯田之下，采用覆土被动房技术，利用梯田大型覆土建筑结构的保湿隔热性能，降低建筑物采暖降温能耗。

还有一个技术亮点是引入地道风技术，利用浅层土壤的蓄热能力，在夏季进行空气冷却、冬季利用浅层土壤的蓄热能力进行空气加热的通风节能措施,过渡季则直接利用新风。空调开启时间大幅缩短，有效降低建筑使用能耗。本项目采用地道风对展区的新风进行预处理。地道风的供给区域为一层展览空间，其通风量为该区域的最小新风量，总通风量为每小时 5.06 万立方米，并根据新风系统的划分方式进行地道风的系统划分。

为与山水建筑理念充分融合，彰显项目在低环境影响、天然水资源梯级利用方面的示范效应，以及充分降低微灌用水成本，设有雨水微灌系统，在屋顶设置雨水收集系统，场地采用透水铺装，地下设雨水调蓄池。降落在屋顶或地面上的雨水，经梯田绿地渗透、粗过滤后，进入雨水收集调蓄池。经回收处理后的雨水将用于梯田灌溉和展览植物的滴灌、微灌，形成生态微循环（图 4–1–10）。

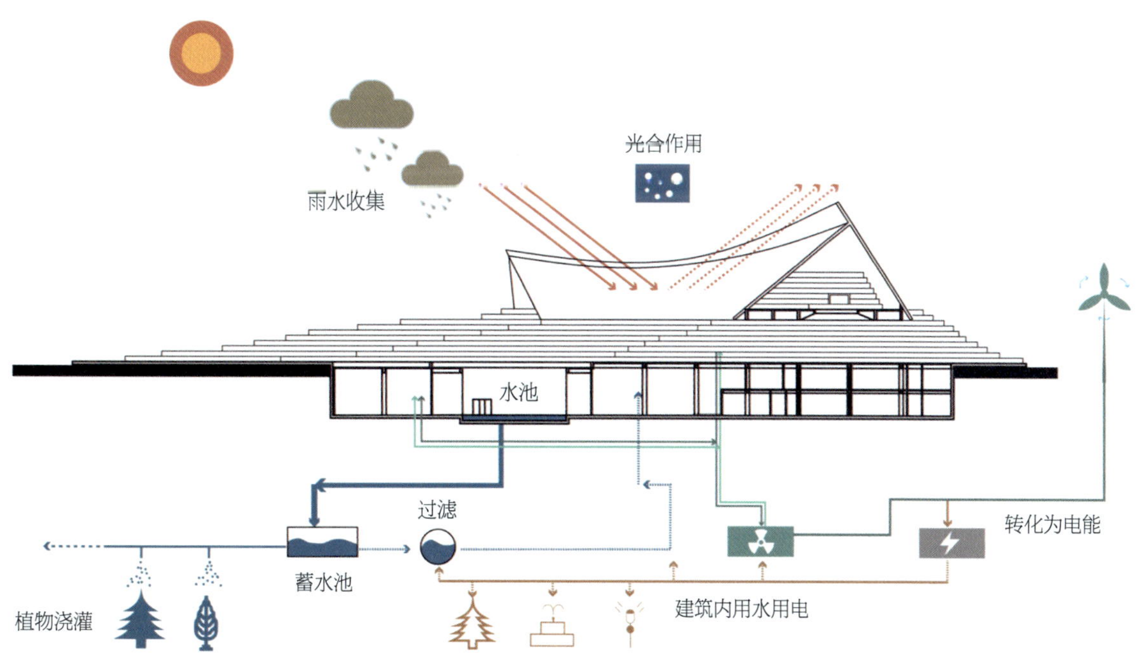

图 4–1–10　清洁能源系统原理图

第二节 国际馆

1. 项目概述

世园会国际馆位于世界园艺轴中部，紧邻中国馆和演绎中心，国际展园、中国展园环绕其间，西侧面向草坪剧场和湖区，正对海坨山的规划轴线，处于妫水河南岸，生态环境优美（图 4-2-1）。

图 4-2-1 国际馆鸟瞰效果图

项目用地面积 36000 平方米，建筑规模 22000 平方米，其中展厅面积 10754.3 平方米。地下一层为登录厅和前厅、多功能厅、库房及后勤机房区。首层为国际竞赛展厅和国家地区展厅，二层为国际组织展厅和国际高新技术展厅（图 4-2-2~ 图 4-2-5）。

图 4-2-2 国际馆总平面图

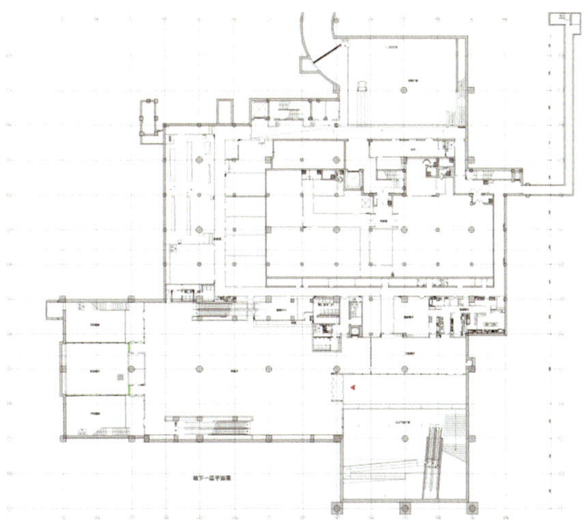

图 4-2-3　地下一层平面图

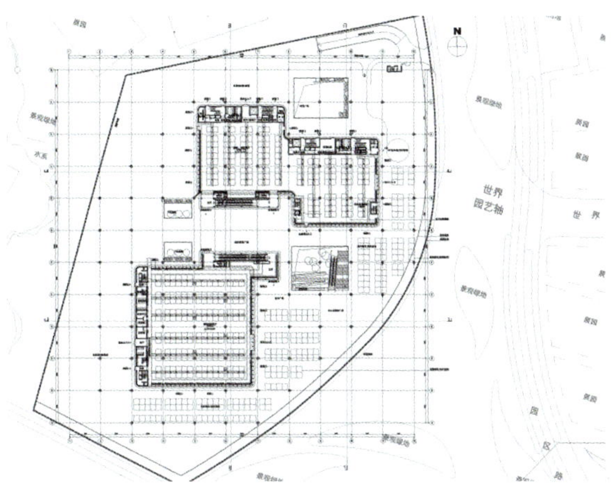

图 4-2-4　首层平面图

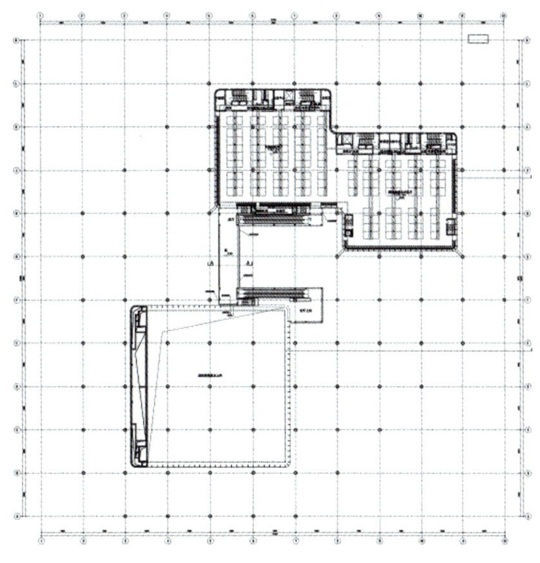

图 4-2-5　二层平面图

国际馆是开放式的分散布局，观众的主要进入方向为正对园区 2 号门的开敞室外广场，通过下沉庭院进入国际馆地下层的登录厅、前厅开始参观，然后依次上到首层和二层。待观展完毕，回到地下一层登录厅，通过西侧的两个小下沉庭院疏散至首层室外广场（图 4-2-6、图 4-2-7）。

图 4-2-6　实景鸟瞰图（摄影：陈溯）

图 4-2-7　实景人视图（摄影：陈溯）

2. 展览介绍

国际馆围绕“绿色生活，美丽家园”的主题进行室内展园布展。秉承“融和绽放”的展示理念，展示各国家（地区）、国际组织在园艺方面的成果与贡献，举办室内花卉专项国际竞赛与展示，推动园艺产业创新与发展。共四大展区，包括下沉广场、序厅、国家（地区）与国际组织展区、室内花卉专项国际竞赛展示区。展览内容从主题生态绿墙、可移动主题花坛，到以一带一路园艺载体为媒介的首创多媒体透景画壁“实物 + 多媒体 + 动态 + 氛围”多维体验方式，展示了“植物起源中心”、“一带一路物种传播交流”及“世界名花名树”等园艺文化内容，可多维度体验欣赏多样繁荣的全球园艺文化；展示国家（地区）、国际组织独特的园艺产品、园艺景观、园艺成就，推广特色园艺产品，体现地域园艺文化特色和亮点；室内花卉专项国际竞赛展示区举办牡丹芍药、兰花、月季、组合盆栽、盆景、菊花六类专项国际竞赛及2019世界花艺大赛，国际竞赛展示内容包括花卉文化、品种类、景观营造与应用、衍生品等。参照国际园艺赛事规则和惯例，为获奖者颁发证书、奖杯及奖金。邀请国家（地区）、园艺组织推选高水平选手和高质量作品参赛，通过分类展示和评奖，进一步展现国内外园艺领域的新成果，激发参展方和大众的参与热情，推动花卉产业创新与发展（图 4-2-8~ 图 4-2-11）。

会后本展馆可以作为中国园艺交易中心，搭建园艺产品研发培育交易平台或作为其他多功能场馆再利用。

图 4-2-8　国际馆展厅效果图（一）

图 4-2-9　国际馆展厅效果图（二）

图 4-2-10　国际馆展厅效果图（三）

图 4-2-11　国际馆展厅实景（摄影：陈溯）

3. 设计理念

国际馆的设计立意为“花海”，充分契合了世园会的主题，以对环境的最小干扰，低姿态地与周围山水格局相融合。“花海”范围几乎覆盖整个用地，西南至东北向为 229 米（长轴方向），西北至东南向为 157.9 米（短轴方向）。展馆和室外公共空间均被覆盖在这一片“花海”之下，自然而然地完成了从室外到室内的过渡。

展馆的设计从最具适应性和灵活性的矩形大空间出发，综合考虑用地、南北重要公共空间的关系、规模、交通流线等多种因素，方案采用分开的两组矩形空间，整合所有的展厅。建筑布局采用南北贯通的总图布局，建筑立面四个方向匀质，没有明显的正面和背面，营造出相对模糊的建筑世界，既巧妙地融入自然环境之中，又恰如其分地与中国馆和妫汭剧场相协调（图 4-2-12~ 图 4-2-15）。

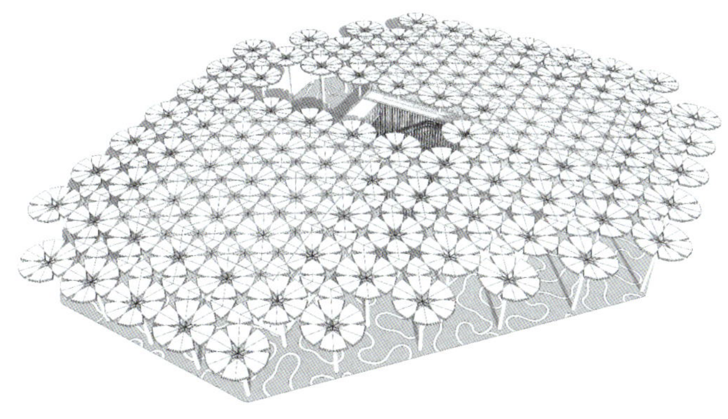

图 4-2-12　国际馆整体空间形态分析

图4-2-13　国际馆水岸夜景透视图

图4-2-14　国际馆实景图（一）（摄影：陈溯）

图4-2-15　国际馆实景图（二）（摄影：陈溯）

考虑到大会会期是北京 4 ～ 10 月的气候状况，设计了花伞状顶棚，像个巨大的城市遮阳伞，形成一个有顶的开放室外公共空间，为人们提供了一个舒适的驻足停留、休憩区域。其界定的空间范围，既可在会时布置展会相关的市集、展卖等衍生功能，也可在会后注入新内容新活力，进行多功能利用（图 4–2–16~ 图 4–2–18）。

图 4–2–16　国际馆室外公共空间效果图

图 4–2–17　国际馆施工实景（摄影：陈溯）

图 4-2-18 花伞施工过程实景

“花伞”覆盖下的室外广场地面通过铺地材质变化，呈现“曲水流觞”图案，赋予这个面向世界的现代建筑以明确的“中国性”。

整片“花海”共有 94 支“花伞”，通过柱、主梁、次级结构连接成整体（图 4-2-19）。花海的整体结构为钢结构，每支花伞为一个单元式结构，由形似花瓣的钢框架组合而成，集雨水收集、光伏、采光、遮阳等众多绿色技术于一体。这种模数化的单元构件加工方便，有效地降低了造价。花伞和玻璃天窗组成展厅屋顶，改善了室内采光条件，室内自然采光和光环境舒适度大幅提高，还可实现节能与节水的目标。到了黄昏和夜间，通过照明设计，让人们仿佛置身一片色彩斑斓的花海之中。建筑形态与其所营造的空间在此以最直接的方式向世人传达国际馆作为一个事件性建筑的永恒记忆和影响力。

图 4-2-19 花伞结构分析图

4. 设计亮点

花伞做为第一道防水屏障，采用每支花伞单元自排水方式。落到花伞及屋面天窗上的雨水，由金属屋面系统汇入屋面天沟系统，由天沟排入每单元中心立柱内的雨水管，向下排出。屋面和下沉庭院等的雨水一起收集后，用于景观用水、绿化用水、路面冲洗等（图 4–2–20）。

花心部分为透光自然采光窗，花瓣则是自然采光窗上的遮阳设施。平面布局合理，立面透明面积充分，展厅自然采光系数达标面积比可达 81.3%，展厅内区自然采光系数达标面积比可达 75.9%，同时在顶部设置的大面积花伞也合理有效地控制了室外的眩光（图 4–2–21）。

可靠、适宜的围护结构与高效的“花瓣”遮阳设施相结合，能够较好地改善室内热舒适性和减小空调能耗。高效的外围护结构有效地减小夏季室内辐射热，大幅减少阳光直射产生的眩光，改善室内光环境（图 4–2–22）。

展厅内部采用热压通风为主、风压通风为辅的自然通风方式，主要通过外幕墙上金属条带位置的开启扇进行自然通风。最大程度降低能源消耗，降低室内温度，带走潮湿气体，保证室内人员舒适性，并且可以提供新鲜、清洁的自然空气。

花伞单元内铺设太阳能光伏系统，充分利用可再生能源。花伞的骨架为钢结构，也是可循环利用的材料。可以说在设计过程中最大限度地使用了各种绿色建筑技术（图 4–2–23）。

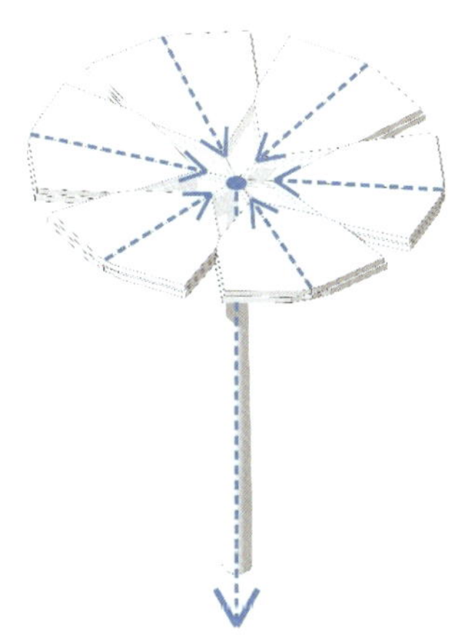

图 4–2–20　花伞雨水收集分析图

图 4–2–21　花伞天窗采光分析图

图 4–2–22　花伞遮阳分析图

图 4–2–23　花伞光伏发电分析图

第三节 生活体验馆

1. 项目概述

生活体验馆位于世园会园区的东北隅，是整个园区距离延庆城区最近的一座展馆，因此它将成为衔接城市生活与田园风光的重要节点。生活体验馆南面和西面，在展会期间是国际展区。那里丰富的展品和热闹的人群将会与生活体验馆产生良好的互动。生活体验馆用地面积36000平方米，总建筑面积21000平方米，其中地上建筑面积17987.70平方米，地下建筑面积3012.30平方米。设计依托一条现状的柳荫路，把生活体验馆营造成一座属于这里的美丽村落。这个“村落”与这里的山水格局、气候条件、人文风土，甚至于质感和味道都妥帖地融合在一起。远山近水、果树麦田、纵横街巷、房舍人家，让城市里的人重新回归田园，体验乡村的美景，品味园艺作物的醇香。项目由7个建筑单体组成，分别是1号主展馆，2号多功能厅，3号分展馆，4号分展馆，5号分展馆，6号分展馆，7号员工餐厅。1号主展馆位于用地东北部，体量最大，高度最高，其余6个小馆均匀围绕分布在主展馆的西侧和南侧。建筑最大层数为地上二层，地下一层（图4-3-1）。

图4-3-1 生活体验馆鸟瞰图

建筑群的主参观流线由地块西南角进入，结合景观和展陈设计，营造出一条自西南到东北的主题文化轴线：麦田—种子—灌溉—果实。在 1 号主展馆二层设置了四个以果菜药茶为主题的屋顶花园，作为室外展场，丰富展陈内容和游览空间。另外，建筑群中部和周边的广场作为人群集散空间（图 4–3–2、图 4–3–3）。

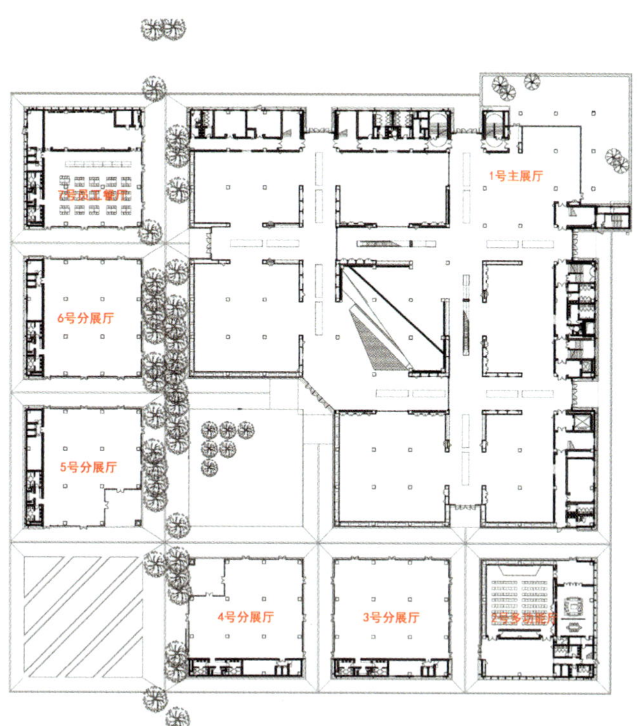

图 4–3–2　一层平面图

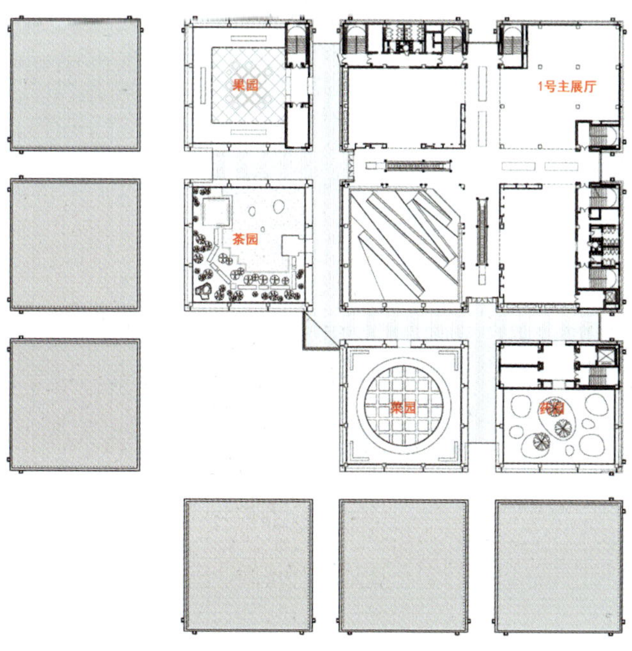

图 4–3–3　二层平面图

2. 展览介绍

项目整体展览面积8010平方米。围绕"爱园艺爱生活"的展示理念，综合运用静态展示、动态展示、视觉、听觉、互动体验等多种方式，增强园艺+生活+科技的表现力和体验感，展示贴近百姓的园艺生活。展览分为四大展区，包括序厅、科普园艺展区、生活园艺展区、专题园艺展区。通过生活空间意境的营造、企业展品的景观式表现，展示全球新优的园艺品种与产品、最前沿的园艺技术与理念，展示举办地延庆的地域特色和产业成果，交互体验气象与园艺的相互联系，沉浸式感受园艺与日常衣食住用密不可分。设置"工艺美术"、"茗茶四海"、"咖啡生活"、"绿意未来"四个专题展。其中"绿意未来"专题，通过仿生机器人、3D打印、智能装备、虚拟现实等前沿技术与园艺相结合，超越物理空间的局限，创造无限互动体验，展示最新奇的园艺跨界产品。

"工艺美术"专题展为重点展项，以社会众筹征集的方式，采取实物展示、现场表演、体验互动形式，集众多国家级工美大师作品、与园林园艺相关的瓷器、雕刻、漆器等传统及现代工艺品，让参观者近距离感知各种园艺手工艺品和创意作品，感受非物质文化遗产的魅力，体验传统工艺传承的文化价值。

另外一个重点展项是"茗茶四海"专题展，以图文、影像等方式展示茗茶历史文化，以互动体验的方式，向参观者展示饮茶的习惯及礼仪，让参观者感受茶深厚的历史文化内涵。同时组织多轮不同形式的体验活动。

3. 设计理念

（1）营造一座充满温情的北方村落

场地原来是李四官庄村的村址，一条南北走向的柳荫路穿过场地，路两边多是11年树龄、高约15米的旱柳，为场地增添了许多生气。设计依托柳荫路，参考传统北方村落的尺度，建立起一个纵横交织的街巷网络，青砖铺地，尺度宜人。将游园的人群自然引向这里，16个27米见方的建筑模块，营造出一片开放的生活聚落。为了顺应整个园区的空间态势，把建筑体量处理成东北高西南低的态势，面对园区打开，形成了高低起伏、错落有致的空间形态。外围被田地果园、池塘湿地等乡土景观所包裹（图4-3-4~图4-3-6）。

图4-3-4 山水格局

图 4-3-5　高低起伏、错落有致的空间形态

图 4-3-6　厚重拙朴的外界面

建筑组群外实内虚：外界面选用比较厚重、拙朴的，能够反映延庆地区建筑特征的材料，从妫水河里捞出来的石头垒成石笼墙，用青砖砌成的花格墙、木格栅墙，就地取土由老工匠筑成的夯土墙，以及有一些美妙色差的灰瓦屋面，就像是从延庆当地的村落里截取的一段段场景和片段，非常有地域特色，同时又非常环保与生态。组群内界面通透、开放，选用可灵活开启的玻璃幕墙，让室内丰富的公共展示能够与街巷中人的活动不受阻隔地融为一体。一层以上界面则被印刷玻璃所包裹。玻璃表面通过三维打印技术模拟缥缈、流动的云层，需要呈现内部展品与活动的地方通透，需要遮挡构件和设备的地方朦胧。外界面自然、乡土，内界面现代且富有艺术气质，两者巧妙地组合在一起，令人感受到别样的美（图 4-3-7）。

图 4-3-7　主入口广场（缥缈、流动的云层）

（2）营造一座洋溢欢乐的热闹集市

我们希望这个“村落”是充满乐趣与活力的，像一个热闹的市集。丰富的展品，奇妙的体验，欢乐的人群，都成为展览的一部分。斜向轴线把麦田景观、主入口广场、景观中庭和休息区串联了起来，又为这四个空间赋予了意义，形成了一条生动的景观文化轴（图 4-3-8）。

图 4-3-8　热闹集市

建筑的前区以“播种”为主题。一片开阔的麦田，一垄垄、一行行，让游人感受作物的四时变化，体验春耕秋收。主入口广场以“生长”为主题，一片果树林，为广场上集散的游客提供一丝阴凉。青砖铺砌的地面，青青的小草会从砖缝间生发出来。这片广场是室外活动的核心区，会经常性地为游客举办愉快的节庆活动，充满勃勃生机。景观中庭的主题是“灌溉”。在 27 米见方的空间里设置了一条连接一层和二层的坡道，蜿蜒曲折。成片的茶田和花海遍布坡道两侧，阳光从侧天窗透过格栅漫射下来，使得中庭五彩斑斓。一条小溪顺着坡道缓缓流下，汇到一层的景观池中。这是一套自动控制的可循环灌溉系统，为植物提供水分和养料。中庭四周的墙壁是镜面玻璃，将这个美轮美奂的空间映射成一个没有边际的超现实场景（图 4-3-9、图 4-3-10）。轴线的收束是以“丰收”为主题的餐饮休息区。空间的焦点是一个巨大的谷仓形状的装置，表面被各种果实所覆盖。谷仓底部的一个机器展示将果实变成饮料的过程。

图 4-3-9　景观中庭

图 4-3-10　室内走道

主展馆是最大的一个室内展馆，分为自然园艺、生活园艺、智慧园艺三个部分。三者在空间上可以灵活划分，设计上采用装配式隔墙系统来实现。展览方式上突出体验和互动，让人们直接参与到果、菜、药、茶这些中国传统园艺作物从种植采摘、加工制作到文化推广、交易食用的各个环节中去，比如茶道体验、采茶舞、酿果酒、中医大讲堂、高科技栽培有机蔬菜等。在主展馆的局部屋面还设置了四个以果、菜、药、茶为主题的空中园林，人们在其中体验小型温室、集约栽培、微缩山林等先进科技的同时，也能感受到中国农耕文化的意境美（图4-3-11~图4-3-14）。

图4-3-11　果园

图4-3-12　菜园

图 4-3-13　药园

图 4-3-14　茶园

众创馆是分布在主展馆西南侧的六个单层独立单元。它们作为配套功能为游客提供服务，包括餐厅、咖啡馆、影院、书店、艺术馆、工作坊、多功能厅和接待室。充满活力的功能，开放而友好的界面，与尺度宜人的街巷空间融合在一起，为人们提供舒适的公共交往空间。

（3）营造一座倡导绿色生活理念的体验馆

人们在这里感受到生态环保理念的重要，从而树立起生态优先的观念；感受中国传统园艺文化的伟大，从而在文化上更加自信；体验创新科技的奇妙和轻松，从而开启绿色健康的生活，参与到快乐的交往中去，给日常的生产、生活或多或少地带来一些启迪和改变。

4. 设计亮点

（1）基于保护现状生态的绿色生态理念

现状一条南北走向的柳荫路穿过场地。其中几十棵11年树龄、高约15米的旱柳成为重点保护对象。我们利用各种方法让它们很好地存活下来，并且与建筑群融为一体。先有了树才有了建筑，先有了生态环境才有了绿色家园（图4-3-15）。

图4-3-15　建筑与柳荫路

（2）基于本土文化存续的绿色生态理念

设计的出发点始终是把生活体验馆营造成一座属于这里的美丽村落，一座热闹的集市。游客们能愉快地体验本土园艺文化的生动与活力，体验中华传统文化的精髓。因此设计从规划布局、空间形态、功能组织、材料质感、景观小品、氛围塑造等各方面都向这个目标努力。

（3）基于可持续利用的绿色生态理念

生活体验馆采用格网状的街巷式布局，模块化的建筑单元和高大而方正的内部空间，在使用上具有很强的可变性与适用性，特别适合根据会时与会后的功能需要进行灵活的调整。同时，为了满足展览空间大跨度的需求，设计采用装配式钢框架结构系统。而且钢材也是可循环利用的材料，达到了绿色节材的目的。

第四节　植物馆

1. 项目概述

植物馆占地39000平方米，建筑面积9660平方米（图4-4-1）。

图 4-4-1 总平面图

植物馆建筑地上四层，首层设有 teamlab 数字展厅和主题温室，分别占地 880 平方米和 2850 平方米，其中主题温室汇聚 1001 种、20000 余株珍贵植物。二层为 X 空间展厅，会期将陆续举办各类展览、科普教育和沙龙论坛等分主题活动。三层为品牌展厅，展示植物馆建成背后的故事。屋顶层局部设置自然书店、观景台和长颈鹿枯木艺术装置。从一层沿着展厅东部的空中盘旋步道向二、三层攀爬时，能够享受到从高空俯视温室植物冠部的极致美景（图 4-4-2）。

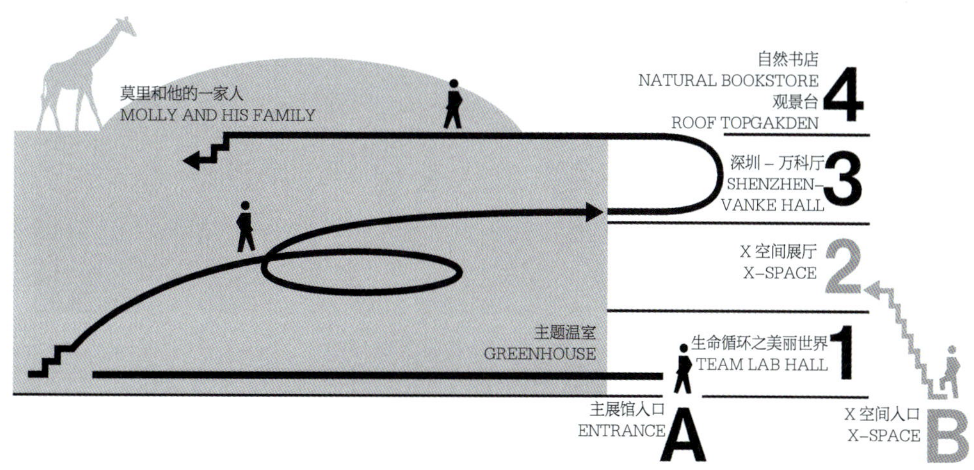

图 4-4-2 展览流线图

2. 展览介绍

植物馆的策展主题是“植物——不可思议的智慧”，通过一系列手法向参观者充分展示植物的生存和繁衍智慧，呼唤人类保护植物，关爱地球。

植物馆温室主要展示多纬度地区的植物，集中展现各气候带的特色植被，以及稀有濒危植物保存和展览。通过红树林、热带雨林、蕨类、棕榈、多浆植物、食虫植物、苔藓等展现植物王国的多样性以及植物生存和适应环境的智慧，设有5大展区12个景点。人工红树林，再现红树林适应海潮涨落演化出的胎生、支柱根、泌盐等特征，彰显海岸卫士的生态功能；热带雨林着力展现植物与植物、植物与动物之间竞争、协同的关系，如空中花园、独木成林、老茎生花、滴水叶尖、巨叶现象、绞杀现象等；棕榈科植物和蕨类植物展示其卓越的传播繁衍智慧；多浆植物通过茎叶的变态进化出适应干旱环境的能力；食虫植物靠食肉来摄取营养；植物王国的小矮人苔藓如何找到适合自己的生存空间。

数字艺术沉浸式主题展以红树林植物群落作为出发点，从红树植物生存的基础环境“潮间带”，红树植物的根、种子和叶片等自身智慧以及红树林大生态系统这三个层面来叙述植物如何运用自身的智慧来适应环境，与候鸟及水生动植物形成一个生态体系，以一种超越平常的观察视角去理解植物。

围绕“世界画家笔下的中国植物”这一鲜明主题，通过古今中外植物科学艺术画作的展示和科普，全面呈现植物科学艺术画这一鲜为人知的科学艺术绘画领域。从植物衍生出生态系统相关延展知识，以多媒体信息/艺术装置展示的形式，穿插展出历代名画。英国皇家邱园植物园和中科院植物研究所也将参与其中，共同讲述人与植物的故事（图4-4-3）。

图4-4-3　温室效果图

3. 设计理念

建筑设计理念为“升起的地平”，建筑表面肌理以植物根系为灵感，庞大的垂坠根系向下不断蔓延，将植物原本隐藏于地下的强大生命力直观呈现给参观者，不仅产生强烈的视觉冲击，更带领参观者踏上一场以感受植物根系力量为起点的奇妙植物世界之旅。

此外，植物馆屋顶设计也是一大亮点，屋顶观景平台设有自然书店、休息区艺术装置品，驻足远眺，还可以将妫水河、东奥海坨赛场以及中国馆、国际馆等世园会园区美景尽收眼底（图 4-4-4~ 图 4-4-6）。

图 4-4-4　总体鸟瞰效果图

图 4-4-5　效果图

图 4-4-6　剖面图

4. 设计亮点

植物馆采用了雨水循环利用系统、高压喷雾降温系统，还运用了 CFD 光模拟和自然通风模拟。

第五节　妫汭剧场

1. 项目概述

妫汭剧场位于园区核心区妫汭湖东北侧、国际馆北侧，与中国馆隔湖相望。项目总建筑面积 6335 平方米，建筑高度 20 米，主体钢结构屋面翼展跨度 120 米 ×115 米。展会期间，妫汭剧场承担世园会开幕式、闭幕式演出，并作为展览期间重要国家日、国际论坛及演艺活动的主要舞台。

妫汭剧场外形如一只展翅欲飞的彩蝶，被盛世春色、绿意盎然的湖景画卷所吸引，停驻在妫汭湖边，遥望永宁塔，尽享山湖景致。轻盈灵动的建筑造型置于山水格局之中，融于自然，感动心灵。夜晚，华光蝶影，舞琴筝柱，共享盛世太平（图 4-5-1~ 图 4-5-5）。

2. 设计理念

雅俗共赏的建筑——从空中看似彩蝶，从两端看似展翅大鹏，人身在其中又仿佛置身大树下，较大尺度的建筑足以支撑国家级文化盛事的开展。

流光溢彩的建筑——当夜色降临时，ETFE 薄膜透如蝶翼，白色的结构筋骨被灯光照射得异彩纷呈。

开放自在的建筑——彩色遮阳屋顶下是半开放多功能舞台、座席区和集散休憩活动平台，欢迎四面八方的游人到来，在这里人们可以自由自在地听风看雨闻香赏花品茗，享受人生，绿色又环保，满足了人们的功能需求。

图 4-5-1　鸟瞰效果图

图 4-5-2　建设中的工程实景（一）

图 4-5-3　建设中的工程实景（二）

图 4-5-4　人视效果图

图 4-5-5　节日庆典模式泛光照明效果图

轻盈美丽的建筑——向四周放射状排列的大伸臂悬挑结构极具韵律又富张力，如同双人舞拉手般平衡的中心平衡环和地拉索金属结构，既柔又刚，挑战了地心引力，呈现力之美，同时也展现出高超的动态平衡之美，巧妙有趣地诠释了“建筑是凝固的音乐”。

灵动体验的建筑——建筑如同花园中彩蝶飞舞，让人放松心情、心花怒放，让人放飞梦想、展翅飞翔，不同寻常的体验满足了人们诗意的精神体验需求。

3. 功能布局

南北向的双层道路系统将妫汭剧场分为东西两个部分，西侧临湖布置半室外大剧场，以大自然的青山绿水为舞台布景，利用屋顶钢结构配置灯光设备，可举办世园会的开闭幕式、国家日等活动。东侧布置两个半室外小剧场，可举办小型发布会、小型演出等活动，无围护结构的半室外剧场能够有效地节约能源消耗和运营费用。下层车行道东西两侧分别布置有辅助用房，包括公共卫生间、化妆间、机房及 VIP 室等，后勤用房通过天井和室外庭院获得自然通风和采光（图 4–5–6）。

舞台工程分为台仓和辅助用房两部分。台仓部分位于椭圆形舞台下方与景观叠水之间，主要功能为台仓、升降台基坑、LED 升降柱基坑及检修应急通道，面向叠水侧预留演员临时转场通行空间，直通室外。台仓区域非人员停留区，禁止堆放可燃物品等；辅助用房位于椭圆形舞台与大剧场观众席之间的消防车道下方，主要功能为供舞台使用的配电柜集中放置区及空调室外机放置区、液压泵房、临时使用的卫生间等。

图 4–5–6　空间示意图

4. 设计亮点

（1）材料建构

妫汭剧场主体钢结构由 26 榀钢桁架构成，主体悬挑最高达到 47 米。构架通过高低错落模拟出蝴蝶轻盈、飘逸的双翅。屋面采用彩色 ETFE 膜，悬挑屋面吊顶采用银灰色铝合金丝勾花网，在阳光下呈现出色彩斑斓的效果，在湖水之畔熠熠生辉（图 4–5–7、图 4–5–8）。

（2）绿色策略

妫汭剧场突出绿色、节能、环保、可持续发展理念，大小剧场主体空间采用半室外建筑策略，有效解决会期遮阳、避雨、通风需求的同时，也满足会期的舒适性需求；辅助用房采用覆土建筑，冬暖夏凉，有效降低能耗，节能环保；建筑主体采用钢结构，以钢材作为建筑主材，可循环利用，实现了快速环保的装配式建造。

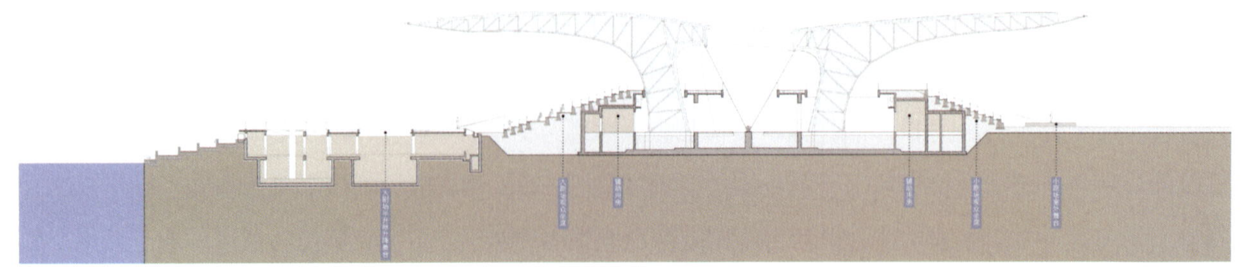

图 4-5-7　剖面示意图

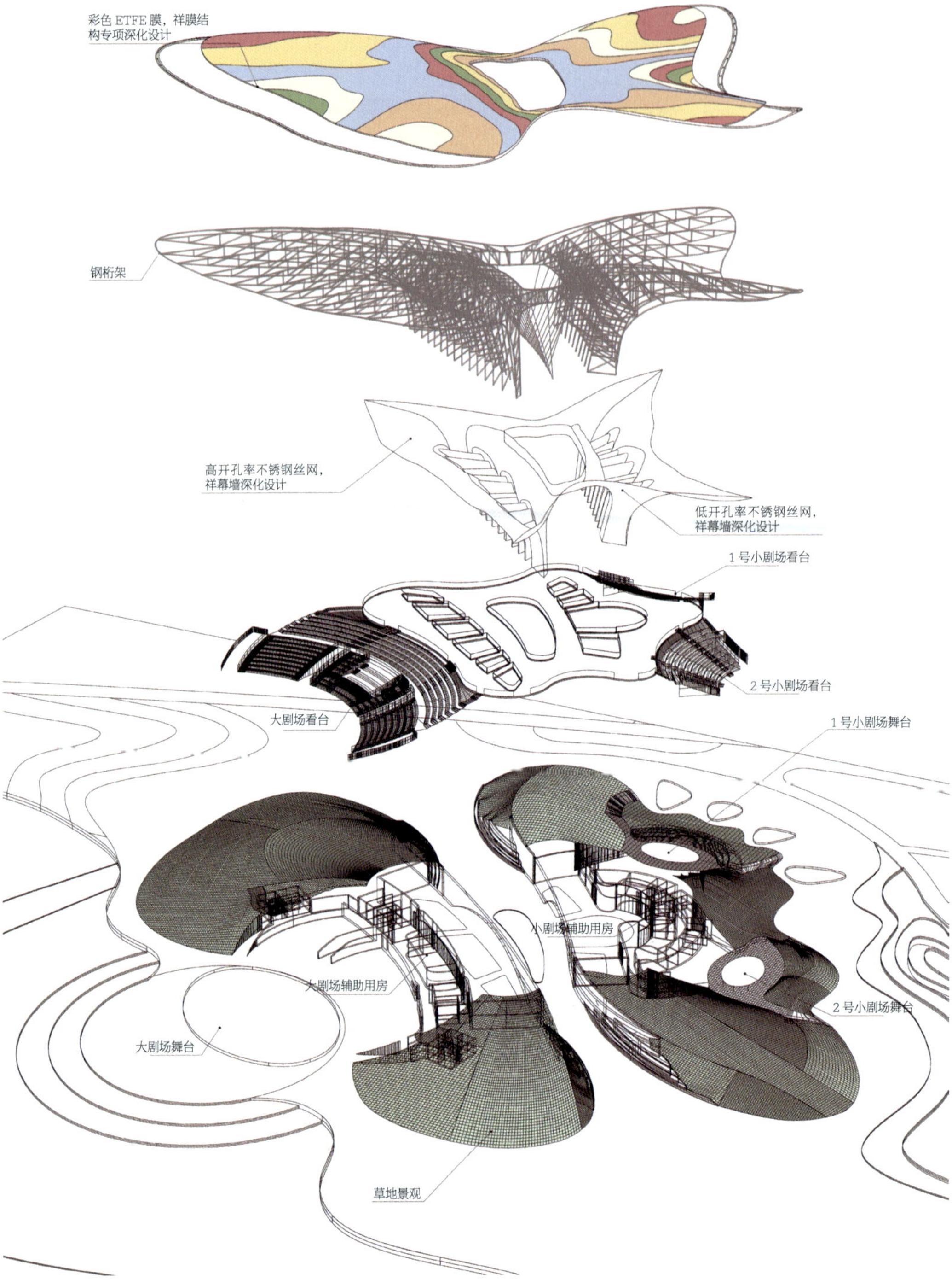

彩色 ETFE 膜，祥膜结构专项深化设计

钢桁架

高开孔率不锈钢丝网，祥幕墙深化设计

低开孔率不锈钢丝网，祥幕墙深化设计

1 号小剧场看台

2 号小剧场看台

大剧场看台

1 号小剧场舞台

小剧场辅助用房

大剧场辅助用房

2 号小剧场舞台

大剧场舞台

草地景观

图 4-5-8　建构示意图

第五章
展园

第一节　中华展园

中华园艺展示区位于山水园艺轴和世界园艺轴之间，以“盛世花开”为设计主题，全面展现中华园艺特质、表达中华园艺文化特色。展示区共有 34 个展园，包含 31 个省区市及港澳台地区展园，分为西北、西南、华中、华南、东北、华北、华东和港澳台 8 大组团（图 5-1-1）。核心区设有“同行广场”，以来自 31 个省、自治区、直辖市及港澳台地区的展石为主景，寓意“同心同德，同向同行；砥砺奋进，筑梦中华”。

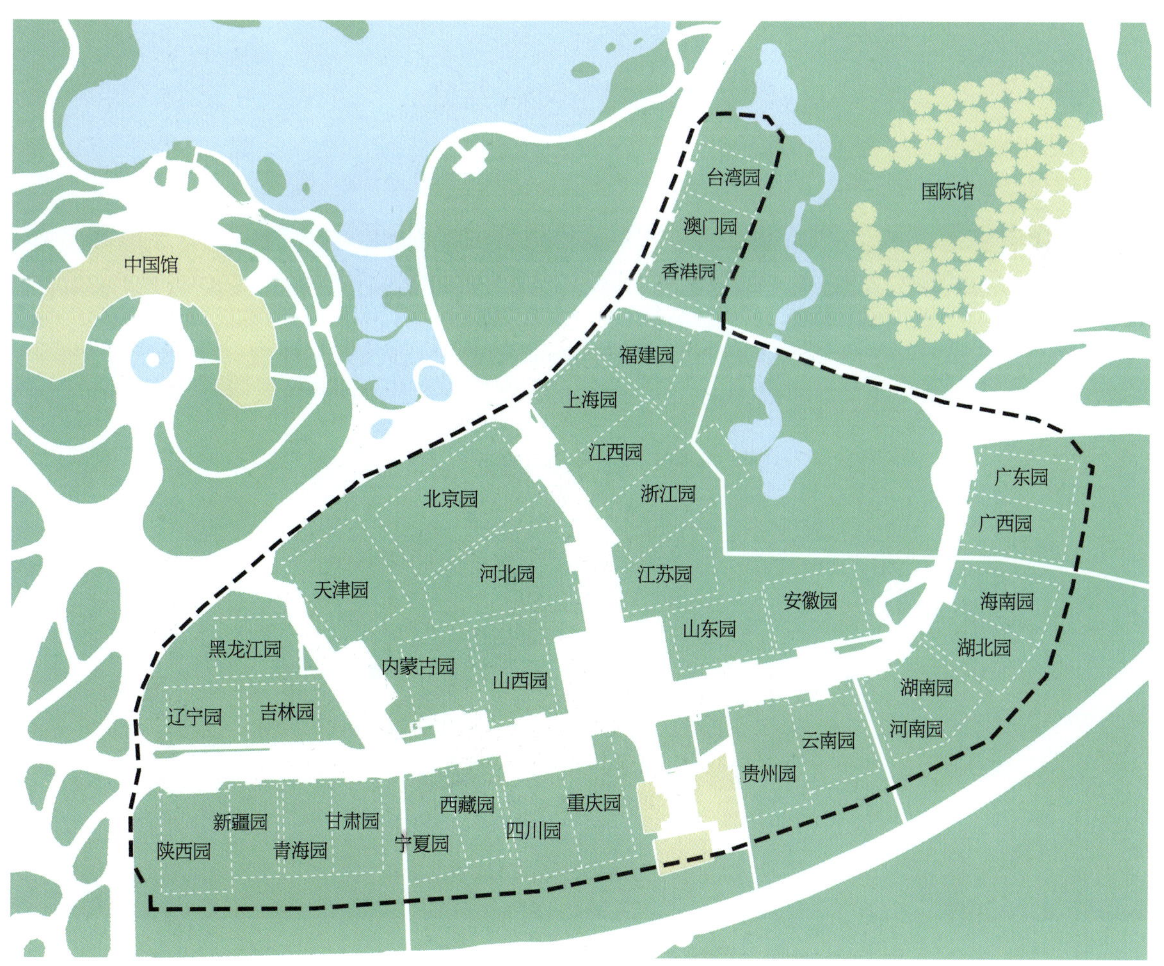

图 5-1-1　中华展园总平面图

1. 北京园：小院落中的大北京

北京园面积 5350 平方米，与中国馆遥相对望，是中华园艺展示区内最大的地区展园。2019 北京世园会北京园参照“北京老城”独有的街巷建筑形态，从北京园入口开始兴建牌楼、建制胡同，构筑进入四合院的前导空间，四合院采用北京典型的“三进四合院”中的“内院”格局，四合院周边花园围绕，以属于老百姓的“城中第一佳山水”什刹海作为园林模型，筑山、理水，植木、造景。园区北侧以“红色宫墙”为借景，营造“我家住在北京城”的意象。喜迎四海宾朋，从小院落中领略宜居大北京的美（图 5-1-2）。

图 5-1-2　北京展园效果图

2. 河北园：秋实林海 秀美印冀

作为塞罕坝精神发源地和京津冀生态环境支撑区，2019 北京世园会河北展园将以“印·冀”为主题，用独具匠心的园艺手法展现燕赵大地的秀美山水。河北园面积 4350 平方米，共分为太行秋实、白洋淀风光、塞罕坝印记三大篇章，沿游园路线重点打造出太行风韵、功勋树、望海台、涵碧堂、屋顶花园和镜池六大景观（图 5-1-3）。

图 5-1-3　河北展园效果图

3. 山西园：三晋新景观 美丽新家园

山西园面积 3050 平方米，山西展园将以入口景观区、巍巍太行景观区、绵绵吕梁景观区、滔滔汾河景观区以及万剪盒院景观区五大景区展现三晋大美风光。巍巍太行，千石山上凝绿魂；绵绵吕梁，荒山丘陵强民生；滔滔汾河，兴水增绿披锦绣；万剪盒院，三晋文化铸精神（图 5-1-4）。

图 5-1-4　山西展园效果图

4. 内蒙古园：壮美的北疆画卷

内蒙古园面积2500平方米，以“壮美的北疆画卷”为主题，向全世界充分展示内蒙古这个北疆亮丽风景线上的璀璨明珠。画卷分为三个篇章：卷一“美丽的草原我的家”，展现草原上骏马逐风、羊群似云的景象；卷二“高高的兴安岭”，展现大兴安岭的苍松白桦和大森林里少数民族的特色风情；卷三“浩瀚的沙漠”，则为游客描绘一幅壮丽的大漠风景画（图5-1-5）。

图5-1-5　内蒙古展园效果图

5. 天津园：八大空间 多元天津

天津园面积4200平方米，设计来源于天津的洋楼建筑群——五大道的宽街窄巷，空间上呈现出浓郁的天津地域特征。展园共设入口空间、城市客厅空间、听水空间、寻水空间、读水咖啡厅空间、民俗集市空间、智能花园空间以及悟水禅庭空间八大空间，展示给世界一个多元融合、典雅温良的天津（图5-1-6）。

图5-1-6　天津展园效果图

6. 黑龙江园：锦绣龙江路 多彩黑龙江

黑龙江园面积2000平方米，以“中东铁路”为主线，让中外游客沿着鲜花铺就的龙江锦绣大路，徜徉在原始森林、边疆驿站、彩林树屋、渔舟江歌等独具特色的自然和人文景观中。起伏的林地景观和鲜花铁轨步道有机融合，一幅春花夏草、秋色冬意的多彩画卷展现面前（图5-1-7）。

图5-1-7 黑龙江展园效果图

7. 吉林园：白山松水 绿美吉林

吉林园面积2000平方米，以“源”为设计主题，以创建“生态吉林，美丽家园”为主线，以特色园艺为载体，以时间轴为纽带，记录长白山的起源与发展，用白山松水孕育的神奇故事，展现绿美吉林的风采。展园整体布局依据长白山龙脉和三江之源的山水格局，由东至西分为云顶花园、水脉山源、吉林人家三个景区（图5-1-8）。

图5-1-8 吉林展园效果图

8. 辽宁园：筑梦之环 大美辽宁

辽宁园面积2000平方米，辽宁展园以“梦之环”为展园设计主题，通过老工业基地振兴的红色之环，提取齿轮作为元素结合现代化的设计手法映射沈阳工业基地振兴新形象；改革开放成就的蓝色之环，提取“辽宁号”航母形象为元素，展示大连改革开放发展与成就；园艺文化建设的绿色之环，向世人展现辽宁的大美风光，以及辽宁省时代、地域、文化特色和科技工业进步（图5–1–9）。

图5-1-9 辽宁展园效果图

9. 陕西园：丝路通天下 魅力陕西园

陕西园面积3000平方米，以“绿色丝路筑家园，美丽三秦新起点”为主题，以飘逸多彩的丝绸之路景观带串联全园，展现丝绸之路景观带、古风长安景区、绿色丝路景区、山水文韵景区“一带三区”的风景。园区利用大小不同、分布有致的空间序列，形成集散、休憩、眺望、展览宣传等多种功能的空间场所，同时，运用观赏蔬菜、药用植物等多样的果蔬类园艺材料，将景墙绿化与景观小品结合，体现绿色生活的情致（图5–1–10）。

图5-1-10 陕西展园效果图

10. 新疆园：天山来客 特色新疆

新疆园面积 2000 平方米，将新疆特色的地形地貌作为载体，结合新疆“一带”——丝绸之路经济带中的大田花卉，“一路”——现代丝绸之路的高铁主题园路，组织参观路线，有机加入新疆特有的树种和花卉、西域深远的历史和文化，相互交融、互衬共映。着重体现新疆特色的同时表现出新疆与时俱进、发展、现代的风貌（图 5–1–11）。

图 5–1–11 新疆展园效果图

11. 青海园：高原画卷 三江之源

青海园面积 2000 平方米，设计“三江之源”“大美青海 生态画卷”“锦绣家园 河湟人家”“唐蕃古道 丝路花语”“高原精灵——藏羚羊”五组景观组团，以“三江源国家公园及可可西里国家级自然保护区”青海亮丽的“绿色名片”为主要元素，向世人展现青藏高原独特的自然风貌和鲜明特色。整个展园将绿色、文化、自然景观交融，体现青海的大美风光，展园还将结合青海特色植物，体现高寒荒漠生态系统下的良好生态（图 5–1–12）。

图 5–1–12 青海展园效果图

12. 甘肃园：飞天逐梦 舞彩甘肃

甘肃园面积2000平方米，通过艺术手段再现反弹琵琶、莫高窟九间楼等敦煌文化符号，展现绚丽多彩的甘肃丝路画卷。整体布局共分为一屏两院，一屏为莫高景屏，造型源自莫高窟九间楼，象征中华民族顽强拼搏、不屈不挠的精神。前院以敦煌文化为主，用中轴对称的方式展开，寓迎接贵宾之意。后院通过精心布置的航天园艺、紫斑牡丹、大丽花等甘肃特有的园艺精华，筑一方具有人文情怀和气息的园艺景观，展示魅力多彩的新甘肃，演绎幸福美好的家园（图5-1-13）。

图5-1-13　甘肃展园效果图

13. 宁夏园：塞上江南 印象宁夏

宁夏园面积2400平方米，以“塞上江南 印象宁夏”为设计主题，从水韵宁夏、红色宁夏、生态宁夏、回乡宁夏四个方面展示宁夏特色的风俗、文化、艺术和特色的植物、花卉资源，并形成“一山一水一民居，姹紫嫣红醉宁夏”的景观格局（图5-1-14）。

图5-1-14　宁夏展园效果图

14. 西藏园：心灵家园 净土西藏

西藏园面积 2000 平方米，共有前、后两个展示区。前景是以五彩经幡、鲜花柱、格桑花田、雪水溪流、玛尼堆、水磨藏香等组成的藏地田园风光，后景是以雪山台地、草甸、木栈道等组成的藏地山林风光。主体建筑吞巴民居作为展园核心和视线焦点，承前启后、融会贯通，带领整个展园完整诠释西藏地区的民居生活（图 5-1-15）。

图 5-1-15　西藏展园效果图

15. 四川园：熊猫故乡 锦绣天府

四川园面积 3000 平方米，以“熊猫故乡，锦绣天府”为主题，将四川的文化内涵、地域特色以及园艺、园林展示给世人。四川园共分为入口展示区、水润天府区和熊猫川行区三个功能区。展园正中央以孕育滋养“天府之国”的都江堰为核心，融合“水文化”“古蜀文明”“天府之国”等文化符号打造园林景观，并以“熊猫川行”为主线，通过“熊猫家园”“熊猫足迹”“熊猫戏水”“回归自然”“古往今来”等景点，展示蜀山蜀水以及历史人文特色（图 5-1-16）。

图 5-1-16　四川展园效果图

16. 重庆园：山城重庆 巴渝乡院

重庆园面积3000平方米，设计充分体现重庆山城、江城、大城市、大农村，山环水绕、江峡相拥的巴渝特色以及建设“山清水秀美丽之地”的宏大愿境。以“山清水秀之地·巴渝乡院”为主题和空间序列，核心展示“山城与江城，自然与家园”，将重庆园分为重庆印象区、林田湖草生态展示区和美丽家园示范区三个功能区（图5–1–17）。

图5–2–17　重庆展园效果图

17. 贵州园：山水田林 洞展黔韵

贵州园面积2500平方米，利用贵州的山、水、田、林、洞织成一幅生态秀美的山水画卷，为世人展现多彩黔韵。杜鹃花开黔山艳，金树银花飘满天。茶山清青沁人心，果蔬中药富于民。贵州展园以此为植物设计理念，利用植物的季相变化，达到“春观彩，夏赏绿，秋品叶，冬鉴形”的植物观景效果。展园共分为入口形象区、中心展示区、生态展示区三个区域（图5–1–18）。

图5–1–18　贵州展园效果图

18. 云南园：大美山川 七彩云南

云南园面积 3000 平方米，设计以山川为基、河流为脉、古道串联、建筑点睛，呈现出一个原生态的植物王国。流线型的茶马古道贯穿南北，游路、水流、山石点缀其中，吉象迎宾、雀舞广场、茶语清心、风花雪月、湖光山色、沁芳坪、茶马印记、云峰飞瀑、枕峦亭、云岭花台、樱花谷、石林可园共十二景星罗棋布（图 5–1–19）。

图 5–1–19　云南展园效果图

19. 河南园：龙兴河洛 华萃中州

河南园面积 2300 平方米，以“花语”为主题，将汉字文化与园艺融为一体贯穿全园，向世界展示河南的山地、水系、大平原和悠久的历史文化。河南展园共有特色八景，分别为江山如画、华萃中州、花影廊道、九曲花河、艮岳花艺、花语家园、百姓花林、逐水飞花八个均含“花”字谐音的景观（图 5–1–20）。

图 5–1–20　河南展园效果图

20. 湖南园：湘韵湘遇 桃花源

湖南园面积 2450 平方米，以“湘遇桃花源”为主题，利用“洞庭”“桃源”“芙蓉”等潇湘地的典型风物和意象，引领世人将湖湘文化向深处漫游。湖南展园将重点打造武陵山石、洞庭春晖、桃源寻梦、湘帘紫雨、敦颐讲学、湘园居等景观，用山、水、田、园将其串成线、连成片，通过景观空间的转换、铺装材质的变化、植物氛围的多样来展现湘韵湘情（图 5–1–21）。

图 5–1–21　湖南展园效果图

21. 湖北园：楚凤秀羽 舞九天

湖北园面积 2500 平方米，以“楚人崇凤，凤舞九天，其美在羽”为设计主题，一只舞动的凤凰跃然纸上。主园路和景观格栅作骨，系列主题园艺展示空间为羽，开启一场湖北自然地理、人文历史与现代生态园艺的对话，构成“三峡印象”“楚凤秀羽”“草木仁心”“竹载千秋”“江湖柔情”“山石禅语”“凤尾小筑”等景致（图 5–1–22）。

图 5–1–22　湖北展园效果图

22. 海南园：椰岛海韵 山海林

海南园面积 2560 平方米，一展“南海明珠”的魅力，全园分为山之秀、海之蓝、林之翠三个篇章，以记录和体验空间为方式，通过营造一种热带岛屿的意境，给游客以一种亲近自然的美好心情。山之秀为展园主入口区，展现海南山体秀丽之美。海之蓝是中庭水景区，展现海南一流海岸之美。林之翠为半岛景观区，展现海南雨林景观之美（图 5–1–23）。

图 5–1–23 海南展园效果图

23. 广西园：多彩壮乡 梦幻家园

广西园面积 2400 平方米，设计以“多彩壮乡、梦幻家园”为主题，选取壮寨的干栏建筑、壮家独有的吉祥物绣球、色彩斑斓的壮锦、工艺精湛的铜鼓、传世遗产花山岩画等元素，采用传统与现代相结合的设计手法，秉承“让园艺融入生活”的理念，通过堆山置石、理水种花、建楼立台打造壮乡迎宾、花湖映楼、茂林深篁、空中艺廊和秀美桂山五大景点，以具有特色的空中花廊和展园步道连接，带领游人展开对壮乡家园的认知之旅（图 5–1–24）。

图 5–1–24 广西展园效果图

24. 广东园：水乡亭廊 南粤风情

广东园面积2500平方米，全园以岭南水乡为骨架，前庭后院、内外相连。一池春水生、满园芳华盛，展园的廊、桥、亭、轩皆依水而建。环园行走，经南粤坊、入胜亭、丝香阁、倚翠廊、蝶翠轩、盆景园、里仁洞、琉璃宫，六大景点——南粤寄思、南粤记忆、月照仙馆、故乡水韵、泮塘荷风、花房晨光穿插其中，四时流转间，春之烂漫、夏之浓郁、秋之绚丽、冬之苍翠皆可在园中得以体验（图5-1-25）。

图5-1-25　广东展园效果图

25. 安徽园：粉墙黛瓦 徽风古韵

安徽园面积3000平方米，遵循徽州村落规划布局，青山绿水之中点缀着粉墙黛瓦，展园中部水系环绕着古村落意境的建筑小品，东西两侧是山野景观，西北侧是微地形和乔木林，营造出村落背依青山的意境，园中种植着安徽特色植物，为世界各地的人们展现徽风古韵。整个园区由水口园林区、村落文化及生活园艺展示区、田野园艺区三部分组成，以蜿蜒的水系及徽州特色的青石板游览路串联成有机交织的整体（图5-1-26）。

图5-1-26　安徽展园效果图

26. 山东园：齐风鲁韵 国色天香

山东园面积 3000 平方米，“齐鲁迎宾”以孔府重光门为设计原型，题名“齐鲁园”；“杏坛遗风”设有六艺台、六艺文化墙，再现着孔子讲学的历史情景；“五岳独尊”呈现高山流水景观；“齐鲁胜境”通过水景、主要景观构筑物、园林园艺植物共同打造自然生态的空间环境，综合展示齐鲁文化；小康人家展示蔬菜园艺种植新科技、山东本地特色果树园艺等（图 5-1-27）。

图 5-1-27　山东展园效果图

27. 江苏园：诗画水乡 苏韵家园

江苏园面积 3100 平方米，设计选用“亭、堂、榭、坊”等苏派园林标志性元素，将江苏文化与江南园林艺术结合、古今造园精髓与信息化展示技术结合、新技术新材料新工艺与绿色生态结合，展现江南风格园林，建设智慧园林、人文园林、科技园林。展园共分为春色满园、荷风四面、玉堂富贵、暗香疏影四个景观区，呈现移步易景、美轮美奂的景致（图 5-1-28）。

图 5-1-28　江苏展园效果图

28. 浙江园：这山这水浙如画 这乡这愁浙人家

浙江园面积4200平方米，以“这山、这水、浙如画，这乡、这愁、浙人家”为主题，通过园艺的手法来展示浙江的乡韵、乡音、乡情。通过“两山理论，美丽家园”为核心的时代发展主线，和“古今人文，最忆浙江”为内涵的传统文化副线，串联萦梦江南、湖山诗叙、栖蝶雅院、满园春色、古运汇芳五处景点。两线相互交织融合，编织出“浙里故事”的美好画卷。还特别注重新工艺、新技术、新品种的应用，尤其是在植物景观营造和雨水收集利用方面，着重展示了浙江珍稀植物在园艺中的表现效果和雨水再利用技术在园艺方面的应用成果（图5-1-29）。

图5-1-29　浙江展园效果图

29. 江西园：匡庐秘境 世外桃源

江西园面积2000平方米，以“匡庐秘境、世外桃源”为主题，以庐山为背景，以陶渊明所描绘的桃花源为蓝本，构建古人浪漫无羁的田园生活场景，并通过融入庐山山水画境、景德镇瓷板画、园艺花境等江西元素，体现江西园林的文化渊源，从花园、田园、家园三个层面拟古为今，构成池、溪、湖、涧、瀑、潭等多样水景，营造幻境、雅境、野境、乐境四重意境（图5-1-30）。

图5-1-30　江西展园效果图

30. 上海园："祥云" 画卷 海派风韵

上海园面积 2850 平方米，以"云"为题，结合云巢、云坞、云阶、云影、云裳、云岗等景致，构成 9 个特色植物展示园，荟萃成一道"植物大餐"。同时，设计了地面、空中云桥和云涧堑道三个不同标高的游园路线，使游客能从不同观景高程来体味园林园艺的美，仿佛被花海美景所包围。展园探寻人、城市、自然三者的和谐关系，打造了以精细打造、引领潮流、兼容并蓄为鲜明特色的海派园林（图 5-1-31）。

图 5-1-31　上海展园效果图

31. 福建园："三坊七巷" 最福州

福建园面积 2000 平方米，以三坊七巷的剪影景墙、亭台水榭、人物雕塑为主景，为游客呈现福建特有的文化韵味和园林艺术。展园主要包含迎宾广场、香茗绕水、福源亭、碧潭映霞、鹤品流芳、水照花台、沁芳春雪、铁树英姿等景点（图 5-1-32）。

图 5-1-32　福建展园效果图

32. 香港园：城景交融 多元香港

香港园面积 2000 平方米，以对比城市为主题，并列展示出两个对比性的状态：代表香港印象的城市结构和纹理及简洁的园艺花园。同时也希望探索种植可食用植物在高密度城市的可行性及重新演绎农业景观的自然美学价值，提升大众对城市耕种及食物城市主义的关注。主要分为建筑展亭、特色展墙、园艺花园三个部分（图 5–1–33）。

图 5–1–33 香港展园效果图

33. 澳门园：莲花宝地 魅力澳门

澳门园面积 2000 平方米。澳门素有“莲花宝地”之称，澳门园以“荷园”为名，展现澳门之魅力色彩，与祖国共度成立庆典。设计配合“一带一路”，突显澳门作为近代中西文化的交汇点及古代海上丝绸之路的重镇的特色，反映澳门小城中西交融之文化（图 5–1–34）。

图 5–1–34 澳门展园效果图

34. 台湾园：慢享宝岛 发现之旅

台湾园面积 2000 平方米，融合台湾地区自然环境、民风民俗、现代风貌、人文情怀，展示台湾的独特魅力。展园分为向山行、兰花区、时光路、日月潭、农田里、山之巅六大景观节点。以日月潭为中心景观、时光路为环路，各个景观节点相互交融，空间层次此起彼伏循序渐进，给人舒适放松的自然体验（图 5-1-35）。

图 5-1-35 台湾展园鸟瞰图

第二节　国际展园

2019北京世园会共有77个国家和国际组织参展，建设41个室外展园，包括34个独立展园（阿富汗、阿联酋、巴基斯坦、巴勒斯坦、朝鲜、韩国、印度、吉尔吉斯斯坦、柬埔寨、卡塔尔、缅甸、尼泊尔、日本、泰国、新加坡、也门、加纳、苏丹、阿塞拜疆、比利时、德国、俄罗斯、法国、荷兰、土耳其、英国、澳大利亚、国际园艺生产者协会、国际展览局、国际竹藤组织、联合国教科文组织、上海合作组织、马铃薯中心园、世界气象组织园）和7个联合展园（东非、南非、西非、中非、加勒比共同体、拉丁美洲、太平洋岛国论坛）（图5-2-1）。

图5-2-1　国际展园总平面图

1. 阿富汗园

参展主题：丰收的希望

展园面积 1050 平方米，室外空间是阿富汗著名园艺产品的植物和花卉所装饰的公共景观，展馆是一个现代和传统相结合的建筑，室内展示空间将用于小型展览，展示园艺和传统产品，辅以阿富汗音乐和本土美食的本国庆典活动将会是参加本届世园会的一个组成部分。所有园艺领域的信息都将通过印刷品和数码交流来展示，使展馆更具互动性（图 5-2-2）。

图 5-2-2　阿富汗园效果图

2. 阿联酋园

参展主题：沙漠绿化——谢赫・扎伊德的遗产

展园面积 2100 平方米，以阿拉伯沙丘为背景，展示阿尔艾因绿洲和大片的椰枣树，以及树下丰富的农作物，例如芒果、橘子树、石榴、番石榴等。此外还有作为饲料的芦苇草，各种香草和蔬菜。展园中，沙漠和绿洲相互融合，为参观者提供优美、凉爽和清新的休憩之处，形成了一道独特的风景。展区的主入口设在园区主干道旁，入口处为阿联酋展馆建筑，主要包括观影厅、阿拉伯客厅等功能。整个展园可以让参观者体验到阿联酋民族热情好客的风俗文化，也可让其充分了解阿联酋特有的沙漠绿洲故事（图 5-2-3）。

图 5-2-3　阿联酋园效果图

3. 巴基斯坦园

参展主题：绿色生活，美丽家园

展园面积1050平方米，将莫卧儿花园的丰富元素融入其中，展示巴基斯坦丰厚的传统文化，同时融合了夏利玛尔花园、哈苏里花园、希兰光塔、萨希花园等各类花园与景观的精髓。整个展园呈几何形态，分为多个部分。园内还包含莫卧儿花园中常见的观景平台、贯穿展园的水流等元素。展园层次丰富，呈对称形态，规则且和谐（图5-2-4）。

图5-2-4 巴基斯坦园效果图

4. 巴勒斯坦园

参展主题：巴勒斯坦鸢尾花在北京盛开

展园面积1050平方米，入口可见矩形石板铺嵌于草坪之上，踏上石板小路，穿过庄重大方颇具阿拉伯风格大门，参观者便进入了这片色彩鲜明，文化底蕴深厚的净土。内部环境主要由草坪铺垫，棕榈类树木挺立于草坪之央，周边由圆形低矮灌木环绕。花卉盆栽摆置，错落有致，放眼望去，花叶色彩鲜明，相得益彰，体现了巴勒斯坦人民渴望实现人与自然和谐共处，可持续发展的生态文化理念（图5-2-5）。

图5-2-5 巴勒斯坦园效果图

5. 朝鲜园

参展主题：和平与绿色生活

展园面积1050平方米。走进朝鲜园，首先看到的是庄严的和平鸽雕塑塔，雕塑塔以白色为主色调，金色螺旋的曲线象征着磅礴的生命力，和平鸽展翅欲飞，反映朝鲜人民热爱和平的情感。园内建筑采用朝鲜特色的绿色屋顶元素，前墙采用金色金属搭配玻璃，整体造型件简洁大方，既有民族特色又不失现代感。建筑内主要展示朝鲜人民热爱的朝鲜名花金日成花和金正日花，并将通过绘画、照片、邮票等，展示朝鲜的自然风貌及绿色产业中取得的成果（图5-2-6）。

图5-2-6　朝鲜园效果图

6. 韩国园

参展主题：憧憬世界和平与交流

展园面积2100平方米，主要是以韩国自然形态和顺天文化为主题的庭院，该庭院充分运用韩国式的造型素材、设施、材料、植物等来展示庭院的风情。韩国园蕴含韩国传统文化，其理念将园林文化和艺术元素与自然相融合，追求安定的美丽的生活。具体展示的内容是顺天燕子楼为主楼阁，其次有方池、木桥、溪流、石桥、假山、石台、花坛等来衬托庭院的错落有致（图5-2-7）。

图5-2-7　韩国园效果图

7. 印度园

参展主题：与自然和谐共处

展园面积 1050 平方米，通过森林、花园、水景的空间转换，结合印度特色建筑、音乐等元素，给游客带来丰富的五感体验，展示印度艺术和建筑的发展。展园大门融合印度历史建筑风格，园内水景体现印度哲学对水的崇敬，建筑反映各时期的标志性风格，建筑旁还设有小型演艺区和手工艺亭。瑜伽手印雕塑、绘画等印度艺术品也在园内得到充分展示（图 5–2–8）。

图 5–2–8　印度园效果图

8. 吉尔吉斯斯坦园

参展主题：绿色发展——草原上的丝路明珠

展园占地面积 1050 平方米，以“草原丝路上的明珠”为美名，以“丝路景观”为主轴，以“蒙古包式的草原建筑”为中心，以“生态文明”为草原文化，以“古丝绸之路、一带一路”为丝路文化，共游丝绸之路特色景观，共品特色高原有机美食，共赏吉尔吉斯斯坦异域风情。室外景观通过地形、植物和特色水景、硬质铺装相结合。室内布展将主要通过声、光、电的多媒体展览形式，多角度展示吉尔吉斯斯坦的自然风光、风土人情、自然资源以及吉尔吉斯斯坦人的生活理念和优良传统等。室内外景观巧妙结合，建设一个具有浓郁特色和吉尔吉斯斯坦风情的大花园（图 5–2–9）。

图 5–2–9　吉尔吉斯斯坦园效果图

9. 柬埔寨园

参展主题：融合绽放

展园面积 1050 平方米，具有鲜明的柬埔寨文化特色。主出入口两旁及花园内种植象征柬埔寨的植物和国花；走道右侧摆放巴戎寺佛面，背后建设一个漂亮的凉亭；走道左侧展示国家特色的花朵，背后建设一个漂亮的凉亭展示基本的生活工具；建筑物分为两部分，一部分为高棉风格的演艺舞台，另一个部分用作展示经贸、旅游、外交合作、园艺产品、传统文化秀等；剩余的花园用植物和五颜六色的花朵来装饰（图 5–2–10）。

图 5–2–10　柬埔寨园效果图

10. 卡塔尔园

参展主题：锡德拉树

展园面积 2100 平方米，设计采用锡德拉树外形作为主体建筑，周围 4 棵树形造型附属建筑，以锡德拉树为中心，象征着团结和决心。展园采用钢结构建筑，灯光布满建筑体和整个展园，共分为 7 个区：表演区、儿童区、绿洲区、茶树区、种植区、传统文化区和草本花园。展园将配备 LED 大屏幕显示屏和电梯等，充分运用多媒体和声光电设备，给予游客独特的体验（图 5–2–11）。

图 5–2–11　卡塔尔园效果图

11. 缅甸园

参展主题：绿色迷人的土地

展园面积 1050 平方米，设计以具有缅甸特色的主体建筑为主要展厅，并结合景观亭等构筑物，充分展示缅甸建筑之美，并通过植物景观、带状花镜的搭配，营造"绿色生活，美丽家园"的主题构思。在景观的营造上，把中式轴线的设计理念与特色的缅甸建筑结合起来，象征着中缅双方文化的交流。展园在广场上设计有表演舞台，开园之后将有中缅双方的舞蹈表演，在室内展馆内将主要以实物并配合声、光、电的多媒体展览形式，从多角度展示缅甸的自然风光、风土人情、自然资源以及缅甸人的生活理念和优良传统等（图 5-2-12）。

图 5-2-12　缅甸园效果图

12. 尼泊尔园

参展主题：遇见不曾发现的自然之美——内在美

展园面积 1050 平方米，设计遵从螺旋结构理念，盘旋式建筑以山脊为雏形，从周边隆起如山脊般缓慢爬升。一条人行小路铺垫于其中一条盘旋上升的"山脊"之上，内通展馆核心区域，沿路可欣赏特色园艺和人文景观（图 5-2-13）。

图 5-2-13　尼泊尔园效果图

13. 日本园

参展主题：日式绿色生活

展园面积 2550 平方米，主要展示多姿而深邃的日本园艺文化和最新的日式生活方式，分为庭园和展馆两部分。庭园为"池泉式"风格，庭园中心设置水池。通过运用山石组合和植物布局的传统造园技术，再现泉水从深山幽谷中流出，经过三段瀑布，最终注入池中的自然景观。庭园东侧设有茶室形式的日本展馆，配以石雕灯笼和净手盆，形成"茶室庭院"，打造悉心迎客空间。池中有来自发祥地长冈市和小千谷市的锦鲤戏水。展馆借助钢结构塑造了没有立柱的宽敞空间，富有日式建筑特点的宽展大屋檐可保护建筑免受日晒和风雨侵蚀，从敞亮的窗户可以观赏日本庭园。展馆内，日式插花、盆景、西式花艺专家使用四季鲜明的美丽日本花卉，以"面朝大海、四季花卉"为主题，展现将自然融入生活的多姿多彩的日本花卉文化。中央的主展区每两周将更换参展陈设，展示日本四季的花卉和生活（图 5-2-14）。

图 5-2-14　日本园效果图

14. 泰国园

参展主题：绿色生活方式，泰式充足经济

展园面积 1600 平方米，主要分为泰式花园及泰式建筑两部分。展园展现绿色的泰式生活方式，并与北京世园会绿色生活美丽家园的主题相契合。展园内布满美观且适合在中国生长的泰国园艺植物。园内的泰式建筑为单层结构，展现泰式生活、社会和文化，引领游客领略泰国风情，并了解"充足经济"哲学。展园对园艺展品、"充足经济"哲学和泰国文化进行展示。展示区域中设立企业对接处和旅游信息中心（图 5-2-15）。

图 5-2-15　泰国园效果图

15. 新加坡园

参展主题：新加坡的文化大使——兰花

展园面积1050平方米，总体设计为一个大温室，以展示极具特色的兰科热带植物为主，展园划分为多个功能区域，包括“兰花之旅”“兰花的起源”“兰花教育”和“小红点”。赤轴椰子林、兰花标本、顶级兰花、红睡莲以及淡水湿地植物等特色植物都将在展园内展示。其中，“小红点”为一个直径2米的圆球，表面被附生植物包裹，以上三个展示区域的游览路线汇聚此处，为展园的中心。整个展园可以作为儿童野外游览的场所，园内将会有各种动物的模型及动物的脚印，儿童可以根据各种各样的线索来发现和记录找到的动物，并参加比赛（图5-2-16）。

图5-2-16　新加坡园效果图

16. 也门园

参展主题：阿拉伯的幸运之地——智慧与多样性

展园面积1050平方米，为馆园一体结构，展园内分为多个片区，充分展示也门的国花咖啡及30余种当地稀有植物、药草、香料、没药、农产品等，也门独有的珍稀物种——索科特拉岛龙血树将作为展园特色作重点展示。此外，海娜纹绘和包括银饰、玛瑙、服饰等在内的传统手工艺品也有专门区域进行展示并和游客互动。也门展园将作为向中国及世界各国游客展示也门丰富的自然资源和文化遗产、独特的建筑和卓越的生物多样性的平台，带给人独特的体验（图5-2-17）。

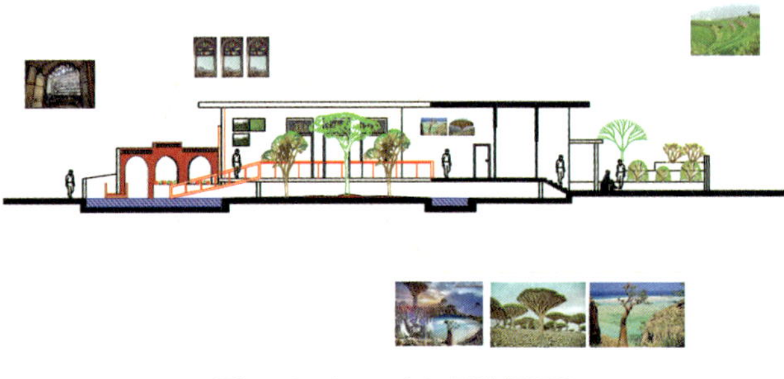

图5-2-17　也门园剖面图

17. 加纳园

参展主题：热带雨林，黄金海岸

展园面积 2500 平方米，展园将打造“雨林部落”的奇幻意境，在有限的空间场地内，充分展现非洲的地域风情及文化。美丽的热带雨林、部落风情及充满异域风情的非洲动物、图腾，展现传达加纳的独特风情。主要分成入口广场区、庆典广场区、后场雨林部落区及出口区（图 5-2-18）。

图 5-2-18 加纳园效果图

18. 苏丹园

参展主题：农业与绿色产业的沃土

展园面积 1000 平方米，设计灵感来源于努比亚文化，该文化滋养了尼罗河沿岸，介于青尼罗河与白尼罗河之间的上游地带。努比亚文化拥有数百年绿色发展的传统理念。苏丹展园入口处的象牙造型彰显了苏丹是农业沃土，动物之乡，两个喷泉意味着水源来自青尼罗河与白尼罗河，地块左侧的传统建筑作为展示空间，被簇拥在花坛之中，展园后方有两个非洲特色的草屋，河流从努比亚水道而来，最终汇入展园后方（图 5-2-19）。

图 5-2-19 苏丹园效果图

19. 阿塞拜疆园

参展主题：保护自然母亲

展园面积1050平方米，展示阿塞拜疆传统文化以及艺术与自然的密切联系。以特色水果——石榴点缀园区。展园建筑以螺旋式表现持续运动的发展和所有事物的内在秩序，室内展示体现了阿塞拜疆四大地毯产地及其典型的植物染料的颜色。游客将欣赏到来自四大产地的具有代表性的各两幅古代地毯，通过符号、描述、视频材料、放大镜、声效及大型显示屏的帮助，这些地毯及它们的历史将被呈现出来供游客去体验和探索（图5-2-20）。

图5-2-20　阿塞拜疆园效果图

20. 比利时园

参展主题：多样文化的创新与融合

展园面积1500平方米，结合“多样文化的创新与融合”的主题体现文化和自然相互融合。通过地形、植物、家具小品、构筑物“云”等设施营造艺术与景观相结合的空间，同时挖掘中比两国文化的共同性。构筑物“云”结构不光是艺术的象征，也蕴含着自然的理念，为游客提供遮荫、避雨的地方。在“云”之下，通过雕塑、诗歌、绘画展现比利时10个省份各自独有的特点。两国之间的圆桌文化源远流长。游客可围坐在桌前聊天、休憩和娱乐，展现开放交流的理念。“可回收”和“永续”的概念始终贯穿于花园材料的运用中，绿色环保的理念展示出人们对环境的热爱（图5-2-21）。

图5-2-21　比利时园效果图

21. 德国园

参展主题：播种未来

展园面积 2000 平方米，通过“播种未来”激励每个人融入绿色生活之中，创造更加健康、更加美好的现代城市生活。德国园将以创新、行之有效的方式和可持续发展的理念展示德国园艺和城市发展的过去和未来。展园中心的德国馆，突出现代建筑风格，外立面以透明玻璃为主。多种多样的植物花卉装饰的木质立体墙称之为“绿屏”，围绕着德国馆。玻璃外立面和绿屏展示了德国展园的开放性，使花园景观和建筑完美融合为一体。除了德国馆室内展示，德国展园将在园内设置餐厅、啤酒花园、儿童角和以独特装饰物为造型的开阔的德国广场“数字树”。展园通过城市景观历史性的转变、可持续和可再生的花园原材料、现代园艺趋势集中展现园艺对现代城市发展的积极作用（图 5-2-22）。

图 5-2-22　德国园效果图

22. 俄罗斯园

参展主题：根深叶茂 硕果满枝

展园面积 1850 平方米，俄罗斯各地盛开的果园和世界著名的契诃夫戏剧打造了一个明亮、芬芳而甘醇的，具有荫凉角落和阳光明媚草地的正宗俄罗斯花园的形象。俄罗斯对莫斯科、圣彼得堡、喀山、克拉斯诺达尔、图拉、加里宁格勒等当代俄罗斯城市公园的革命性改进感到自豪并希望与全球朋友们分享。在绿化覆盖方面，俄罗斯首都已经超过了被公认为公园聚集地的纽约和伦敦。俄罗斯展园主办方希望展示俄罗斯民族几个世纪以来从皇室庄园到苏联中央公园所表现出的对花园的独特热爱。现代俄罗斯积极发展绿色创新，有助于培育能抵御自然灾害的花园植物和蔬菜作物，认真使用土壤，获得自然界最独特的美味水果（图 5-2-23）。

图 5-2-23　俄罗斯园效果图

23. 法国园

参展主题：绿色生活，美好家园——为生态转型服务

展园面积1400平方米，用现代的语言去书写法国古典园林的代表元素：几何的线条、宏观的透视、修剪的灌木丛、水池、水渠及喷泉。主建筑外立面由多年生植物覆盖，形成动态的波浪式纹案，环绕建筑的水池使植物墙倒映其中。场地边界是成排修剪过的橡树，树下的花丛采用自然式种植，边缘以常绿小灌木作为背景，突出植物多样性（图5-2-24）。

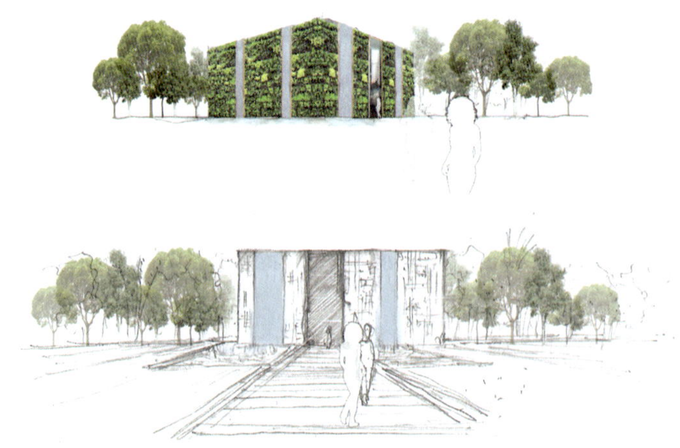

图5-2-24　法国园效果图

24. 荷兰园

参展主题：生活园艺

展园面积1500平方米，通过一系列特殊植物组合展示多种多样的荷兰产品。绿色城市是荷兰参展2019北京世园会的切入点，其理念包罗万象。公共绿色空间通过常绿树、特种秋季彩叶树、花木植物等为城市提供更缤纷的色彩。来自荷兰的大量树木、多年生植物、观赏草和种球花卉为展园增色不少。优秀的栽植计划将成为出发点，“在适当的地方种植适当的树木和植物”将对构建宜居城市贡献巨大。荷兰展园的核心理念是：绿色不是消费支出或奢侈品，而是持久的投资（图5-2-25）。

图5-2-25　荷兰园效果图

25. 土耳其园

参展主题：迎接绿色未来

展园面积 2400 平方米，步行路由碎石拼成，将展园分为多区块，各区块展现着不同的土耳其传统风貌及特色。路旁树木林立，花团锦簇，郁郁葱葱，小型喷泉点缀其中，展现“绿色生活”的魅力；各功能区内配备电子屏幕，结合科技设备，充分介绍和展示土耳其文化；主建筑内还配备体验区、咖啡厅等功能（图 5-2-26）。

图 5-2-26 土耳其园效果图

26. 英国园

参展主题：为绿色未来创新

展园面积 2016 平方米，一个有生机的实验室区域将园艺和食品加工方面的新方式和新技术展示给游客。游客将能够在植物园酒吧里重新振奋，在那里他们可以品尝世界上最好的金酒，以及运用悠久历史传统方式炮制的优质无酒精饮料，来源于天然成分的提炼、混合和发酵的过程。展园设交流中心，游客可参与可持续发展设计主题的讨论和相关活动（图 5-2-27）。

图 5-2-27 英国园效果图

27. 澳大利亚园

参展主题：来自自然的金色礼物

展园面积1050平方米，通过对植物的关怀，建立自然与人类幸福感之间的联系，吸引游客停下脚步看看身边的美丽事物。金色的花朵作为美丽的代表词，是绿色发展生活方式的展现，也是澳大利亚传统淘金文化的符号。园内建筑外观的灵感取自焦木的冷峻，体现了澳洲“火”文化；呈现原住民文化的回旋镖造型道路，全部采用透水铺装，使雨水能灌溉植物根部，形成自然的水循环；多彩多姿的鲜花为蜜蜂等昆虫提供了食物和栖息地，小小的昆虫虽不引人注意，却是生物链和我们人类美丽家园的重要组成部分（图5-2-28）。

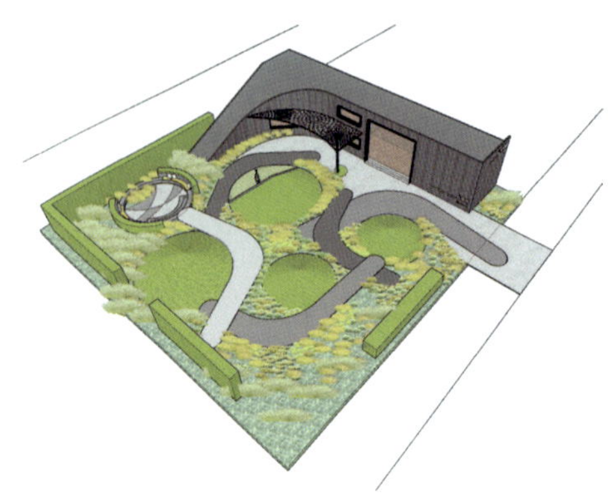

图5-2-28　澳大利亚园效果图

28.AIPH（国际园艺生产者协会）园

参展主题：绿色城市，绿色未来

展园面积1500平方米，庭园布局以织巢构筑物为主体，包括城市森林、雨水花园、自然野花草甸等元素。提供游乐和艺术装置的城市森林漫游步道，智慧水上花园体现了具有创造性和高效的水管理体系，自然野花草甸传递的是关于恢复城市栖息地生物多样性及其对健康有益的信息，是对绿色城市原则在微观和宏观上的推广。展园极具艺术性的装置和空间品质为游人提供一个难忘的、令人回味的体验过程（图5-2-29）。

图5-2-29　国际园艺生产者协会园效果图

29. BIE（国际展览局）园

参展主题："凡尔赛宫"式空中花园

展园面积1500平方米，采用轴线空间设计，打造"凡尔赛宫"式主题园林景观，采用经典几何式布局，大方得体。园中道路、草坪树木修剪齐整，雕塑随处可见。园内道路、树木、水法、花圃、喷泉等均呈严整对称的几何图形，透露出浓厚的人工修造的痕迹，体现出景观的尊贵。景观包括地雕铺装、休息坐凳、欧式景墙、林荫树阵、魔纹花坛、节点平台、景观草坪、欧式景墙等（图5-2-30）。

图5-2-30　国际展览局园效果图

30.INBAR（国际竹藤组织）园

参展主题：创意竹藤 绿色生活

展园面积3600平方米，名为"竹之眼"，旨在促进竹藤文化和绿色生态发展；展现竹建材及商业化前景；感受竹藤建筑魅力，享受竹藤产品乐趣。园区采用现代的方式诠释、转化传统的"花园中展馆"模式，通过对展馆和花园的解构与融合，将展馆空间嵌入花园，创造出一个有机的整体。"竹之眼"的功能空间分布在由竹拱结构支撑的花园之下，通过一条布满藤果的建筑主轴，连接入口和各个展馆主空间。室内外空间相互交错，天然光线通过花园上的神奇"切口"进入室内，大大增强了人们身处花园中的舒适感。从中庭通往展馆有三个主要空间，展示了园竹与工程竹材的创新结合和应用。整个花园的走势和几何分布与展馆重合，构成一个起伏、生动的整体（图5-2-31）。

图5-2-31　国际竹藤组织园效果图

31. UNESCO（联合国教科文组织）园

参展主题：我们的世界是花园

展园面积1250平方米，开园之初，花园内以零星植被作点缀，巧妙运用植物、栅栏、石头和其他自然界物体勾勒出世界七大洲、四大洋的轮廓。开园后，每天都会邀请参观者到园内播种、种植花朵/植物，每位到园访客都可以亲手打点花园，贡献出自己的一份力量。参观者能够持续观察从播种当天到花园最终形成的全过程，每天都可以查看花园的变化（图5-2-32）。

图5-2-32 联合国教科文组织园效果图

32.SCO（上海合作组织）园

参展主题：多样文明星空下美丽绽放

展园面积1000平方米，以“和合同心”为设计主题，取自和谐之和，上合的合作之合，以同心圆为主要设计的表现形式，力求展现圆满、和谐、纽带三个层次的内涵以及同心协力共赢未来的美好愿景。一条S形时间轴，沿途有上合文化的宣传大屏，步移景异，寓意上合组织的历史发展进程，也寓意一带一路带来的机遇；C形镜面水罩，与城市剪影相映成趣；O形阳光房，也是种花厂。空间利用率高，采光面充足，通风环保（图5-2-33）。

图5-2-33 上海合作组织园效果图

33.CIP（国际马铃薯中心）园

参展主题：致敬农作物多样性

展园面积 1690 平方米，展现了园艺是如何成为现代文明基础的。场馆创新性地复刻了秘鲁安第斯山脉高原著名文化遗产莫瑞梯田（Moray）。“Moray 2019”由 6 层梯田组成，与古印加莫瑞遗址的形状完全一样。正如印加人过去所做的那样，每层梯田都分别种植不同的马铃薯和甘薯品种，评估品质和特性，找到适合不同土壤和气候的最佳品种。此外，两个穹顶帐篷建筑通过现代化的展示技术让观众可以沉浸在马铃薯和甘薯的世界中，了解薯类作物如何改变世界历史的非凡故事，中国成为世界上最大的马铃薯生产国的最新科技及惊人发展。国际马铃薯中心希望向公众展示薯类作物这个神奇的园艺宝藏的故事（图 5-2-34）。

图 5-2-34　国际马铃薯中心园效果图

34. WMO（世界气象组织）园

参展主题：气象·园艺·生活

展园面积 2000 平方米，通过生态气象馆、生态气象花园、生态气象观测示范站三大展区，诠释绿水青山就是金山银山的理念，推动人与自然和谐共生，为人类命运共同体发展注入气象元素，唤起共同呵护人类美好家园生态的意识和行动。生态气象馆主要分为四大展区和九大核心展项。生态气象花园以一带三区五园为主题，同时增加气象元素。生态气象观测示范站共布设 11 种气象观测设备，可对 20 个气象要素进行连续实时观测，观测数据对大气状态、生态环境、人体健康有重要参考意义（图 5-2-35）。

图 5-2-35　世界气象组织园效果图

35. 东部非洲联合园

参展主题：东非环游记

展园面积2200平方米，由乌干达、布隆迪、坦桑尼亚、肯尼亚、卢旺达、埃塞俄比亚参建。以东非震撼的自然风貌和丰富多彩的动植物资源为绿色基底，以东非传统民居为原型设置6处表现东非六国传统建筑特色的展览建筑，并以立面形式变化丰富的景观墙体串联，塑造丰富的游览空间。最后，提炼东非精神内涵，结合路面铺装、墙体浮雕等展示东风风光、东非共同体的团结史及未来发展，创造可感受东非精神的体验空间。通过以上三个层面将东非特色文化元素与参与者空间活动体验紧密结合（图5-2-36）。

图5-2-36　东部非洲联合园平面图

36. 南部非洲联合园

参展主题：融合绽放

园面积1200平方米，由南非、津巴布韦、莱索托、科摩罗参建。南非联合展园以"石头城"和"恩德贝勒艺术"为南部非洲代表性文化元素，搭建园艺展示舞台；以开普植物区系的景观风貌为主体，彰显地域植物景观特征。设计采用线形布局，营造流动空间，呼应"虹"的设计概念。设计以石材为主要材料，营造高台，形成高原、山谷、花坡氛围，同时也体现代表性历史遗迹"石头城"的风貌。墙面植入动物岩画，既能体现南部非洲地区的岩画艺术，也能体现南部非洲地区珍贵的动物资源。场地采用特色铺装展示彩绘的魅力，营造非洲热烈的氛围（图5-2-37）。

图5-2-37　南部非洲联合园效果图

37. 西部非洲联合展园

参展主题：西园雅集

展园面积 2500 平方米，由马里、几内亚、贝宁、塞拉利昂、塞内加尔、多哥、尼日尔、弗得角、冈比亚、毛里塔尼亚参建。以展园为画布，集西非之雅，绘草木丹青。集中展示西非的人文、自然与气候各类特点，分为草原植物景观、花境植物景观、密林植物景观、湿生植物景观、垂直绿化部分、屋顶绿化部分 7 个区域。展园的景观结构可以概括为“一脉相承，众星捧月”，其中节点“阜通环廊”作为景观结构的主脉，节点“碧草连天”“层林叠翠”“沙海迷踪”“碧水悠悠”“织锦小院”“律动古音”“雕梁画栋”为“众星”；节点“芳茂之庭”则是“中心之月”。通过提取草原、雨林、沙漠、河流、豪萨语、非洲鼓等十余种元素，通过概念抽象、要素转译、直接展示、氛围塑造等形式，营造旖旎非洲、热烈非洲、缤纷非洲和发展的非洲（图 5–2–38）。

图 5-2-38 西部非洲联合园平面图

38. 中部非洲联合展园

参展主题：一半雨林，一半草原

展园面积 2000 平方米，由中非共和国、加蓬、刚果（金）、乍得、圣多美和普林西比、非盟参建。设计对当地传统文化符号进行现代化转译，通过空间、植被、材质、纹样等设计元素，打造既能体现野性、童趣的热带草原世界，又能体现神秘、郁密的丛林世界，充分展示中非国家的自然景观特色。以中非最具特征的地质地貌——中非草原和刚果盆地热带雨林入手，从中非自然资源、文化特征、建筑特色等方面汲取设计要素，体现中非地域特征，形成设计简洁、空间丰富、具有强烈视觉冲击力、中非特征明显的特色展园（图 5–2–39）。

图 5-2-39 中部非洲联合展园效果图

39. 加勒比共同体联合展园

参展主题：美丽国度 热带天堂

展园面积3000平方米，由加共体秘书处、圭亚那、格林纳达、苏里南、圣基茨和尼维斯、多米尼克、巴巴多斯、安提瓜、巴布达参建。旨在展示加勒比地区特色园林植被与迷人风光，领略当地热情奔放的人文情怀，感受自然、休闲的生活方式。通过当地植被特点、园艺景观与人文风貌，展示当地五彩缤纷、绚丽动人的特点。展园以棕榈树、瓷玫瑰、红山姜为植被代表，结合火烈鸟等动植物，以绿色植被、蓝色海水、红色火烈鸟、粉色沙滩、海底珊瑚礁、狂欢节装饰、彩色建筑为设计内容，展示五彩斑斓的世界（图5-2-40）。

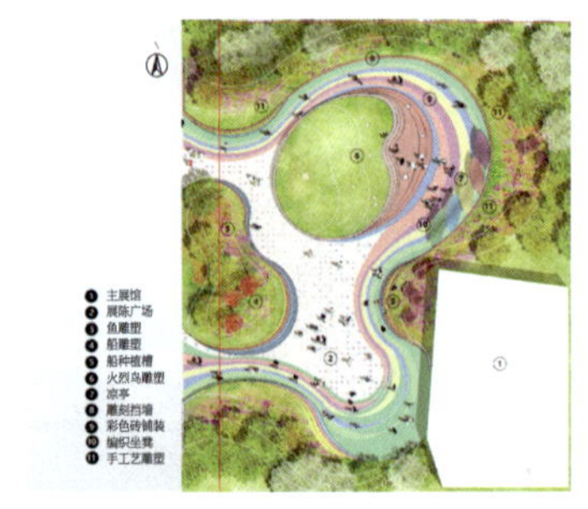

图5-2-40 加共体联合展园平面图

40. 拉丁美洲联合展园

参展主题：隐秘在雨林中的玛雅文化

展园面积1550平方米，由哥斯达黎加、多米尼加、危地马拉、尼加拉瓜、萨尔瓦多、乌拉圭参建。旨在展示中美洲地区特色园林植被独特与迷人的地理风貌，领略神秘热带雨林的生态环境，感受玛雅文化极具神秘色彩的魅力。通过当地的植被特点、园艺景观与人文风貌，以及玛雅文化等特色文化，体现“玛雅文化与我同行”的理念。展园以胡须树、卡特兰等植被为代表，结合当地玛雅文化元素、独特的地理环境、特色木质建筑、火山造型等元素，展示热带雨林中神秘的玛雅文化（图5-2-41）。

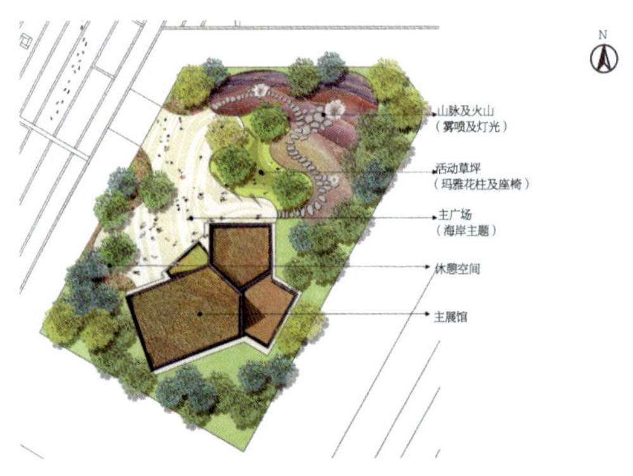

图5-2-41 拉丁美洲联合展园总平面图

41. 太平洋岛国联合展园

参展主题：太平洋上撒落的珍珠

展园面积 2600 平方米，旨在展示太平洋地区优美地域风貌与植被生态环境，介绍当地园艺特色与人文风貌，宣传海洋环保理念。为突出植被特点与生态植被生长环境，展园以“珍珠”圆融、包容的形态为设计立意，结合植被特色、岛屿不规则形态、海洋多面的流线等特点，体现“海洋、岛屿与人类和谐发展”的理念。该园以热带植被为代表，体现绿色植被、蓝色海洋、白色沙滩、光泽珍珠等内容，打造极具海洋风情的展园空间（图 5-2-42）。

图 5-2-42　太平洋岛国联合展园总平面图

第三节　国外设计师展园

设计师展园位于 2019 北京世园会教育与未来展示区，与植物馆相邻，邀请了来自英国、美国、荷兰、丹麦、日本负有盛名的园林景观及园艺设计师进行展园设计，展现当下社会发展阶段造园的理念与成就。

1.“新丝绸之路”花园

设计者：詹姆斯·希契莫夫和汤姆·斯图尔特·史密斯

“新丝绸之路”花园展园面积 1550 平方米，是以中国提出的“一带一路”倡议为背景，选用丝绸之路景观带沿线的植物，构建的一个从北京到西方的花园旅程。整个花园由英国设计师詹姆斯·希契莫夫和汤姆·斯图尔特·史密斯联手创作。花园整体布局采用林地包围草原的形式，使园内外的视觉语言互不干扰，花园中央开敞的全阳空间，借鉴分布于整个丝绸之路沿途的草原理念，营造拟自然的干草甸草原植被。花园的园路主要由一对交错的环路构成，象征了古丝绸之路的不同分支，穿过林地横贯心形花园的弯曲路径，象征以铁路为依托的新丝绸之路。环路相交会处形成一个较为宽阔的广场，广场上矗立了一个由原竹制成的构筑物，是花园中人们相遇聚集的地方，也是无机的人工构筑物和有机的植被相遇、融合的地方（图 5-3-1）。

图 5-3-1　“新丝绸之路”花园效果图

2. 东西园

设计者：乔治·哈格里夫斯及其团队

东西园展园面积 2050 平方米，由美国设计师乔治·哈格里夫斯和他的团队创作而成，通过对中美全球空间环境分析，探索中国本地植物如何影响美国乃至世界各地的公共空间设计，并尝试寻找东方与西方园艺空间的“和而不同”。展园中，全球植物耐寒带被抽象成四个不同的区域，每一个区域都代表着一种典型的植物类型，参观者可以沿着每一个编织的网状结构探索每一个区域，进行视觉对比。四个区域由高到低，梯田状的场地使展园中的雨水都能排到最低的第四个区域，并在这里形成一个湿地景观。漫步在这个花园里，游客既可以单纯地享受花的美丽和芬芳，体验感官刺激，也可以展开丰富的想象，演绎植物从东方迁徙至西方的漫长旅程，还可以用理性的思维去探索不同气候影响下植物品种的差异（图 5-3-2）。

图 5-3-2　东西园展园效果图

3. 时光园

设计者：West8 设计团队

时光园展园面积 1350 平方米，意在为世人带来一场时光之旅。游人将脱离周遭的喧嚣，沉浸在森林的光影和气息，游历三个不同主题的下沉庭院。三个庭院由下降的“森林之路”相连，用不同的材料、植物、色彩，营造出各不相同的庭院氛围。第一座庭院为云中院，花园的植被简单低调，整齐排布的地被植物如苍翠欲滴的地毯铺开。第二座庭院为韶华院，白色和粉色的花朵在院中恣意盛放，精心混合的野花和果树创造出感官的盛宴。第三座庭院为怀笑院，也是最大的一个庭院，一组砖砌台阶沿墙上上下下，创造出聚集停留的可能（图5-3-3）。

图5-3-3　时光园效果图

4. “Yuan”

设计者：斯蒂格·L.安德森及其团队

“Yuan”展园面积1350平方米，意在解读中国传统哲学、美学基础上，通过独特的现代设计语言，探索人与自然的关系。设计中借鉴了中国山水画前景、中景、后景的布局，用石、光、水、风、木、人等元素，来定义新的园林。花园中的骨干树种为松树，并通过3D扫描和3D打印技术，将人造景石呈现在花园当中，形成松石相依的景象。在花园中人们可以赏岩石、闻松香、听风声、感受雾、爬上桥，慢慢踱步，感受自然美学与传统园艺的对立关系（图5-3-4）。

图5-3-4　“Yuan”效果图

5. 桃源乡展园

设计者：石原和幸

桃源乡展园面积 1500 平方米，灵感从中国古文名篇《桃花源记》而来。“桃源乡”展园将文中描写的亲近自然的生活方式与设计师年少时铭记于心的故乡里山风景进行叠加，以此为题建造庭园，重现日本或中国逐渐消失的风景，以及美丽风景下人与人之间和睦相处的美好生活。花园设计的自然感有三大原始之处，原始的建筑材料——卵石，原始的高等植物——苔藓和原始的生活氛围——水井、石屋、溪水。石原和幸精巧的布局设计，将它们搭配出最原生态的视觉效果，营造了自然意境和生活情趣的山野之感（图 5-3-5）。

图 5-3-5 桃源乡展园效果图

第四节　企业展园

1. 天津远大海棠展园

展园面积：2050 平方米

设计主题：以丰富的各类海棠集聚同一展园，形成特色的海棠园，展示我国在海棠培育种植上取得的园艺成就（图 5-4-1）。

图 5-4-1　天津远大海棠展园效果图

2. 宛平宸艺展园

展园面积：1660 平方米

设计主题：以“屋、翠、石”为主题，意在呈现“奇石满园寻春迹，古居茗翠暗自香”的景致，在原生态的自然庭院中，搭建云南百年历史的古民居，院中奇石罗列，可谓一茗寄千韵，一石纵天下，一笔书千史，一屋唯吾家（图 5-4-2）。

图 5-4-2　宛平宸艺展园效果图

3. 克劳沃展园

展园面积：600 平方米

设计主题：以景观草为主题，展示景观草的观赏性及景观应用价值，推广和探索景观草在景观领域的应用（图 5-4-3）。

图 5-4-3　克劳沃展园效果图

4. 上海秦森展园

展园面积：2324 平方米

设计主题：以“木刨之花”为设计灵感，利用生态纽带从空间维度上把整个展园有机联系起来，采用曲面参数化技术应用、立体绿化、声光技术等多种技术手段。同时，“匠心之路”作为场馆最大亮点，集“木刨之花”“木艺之源”“木构生花”“沽态木雕”“木作点睛”“中华古韵”六大景点，从功能和文化上有机结合，节点上运用了生态雨水花园、乡土植物、园艺种植、生态环保透水材料、木屑腐熟再利用等技术，展现了国际领先的园林营造实力（图 5-4-4）。

图 5-4-4　上海秦森展园效果图

5. 江苏澳洋展园

展园面积：750 平方米

设计主题：将澳洋集团标识作为主体形象，融合了江南水乡小桥流水的意韵。主体构筑澳洋之“星”随着时间会旋转并开启变化，既是一个会动的雕塑，更是体现了澳洋蓄势待发，向着更高攀登的美好愿景（图 5-4-5）。

图 5-4-5　江苏澳洋展园效果图

6. 北京建工展园

展园面积：1300 平方米

设计主题：建工·毓林苑，利用曲线自然流畅的新型材料搭建起两个半包围式的构筑物，形似一只大手牵一只小手，与周边自然空间、植物构成融于一体的美感，构筑物顶端采用透明膜结构，确保室内的自然采光，实现节能效果。利用花卉植被、花架等，打造融合时尚艺术、创新技术的园艺空间。整个园区的地面利用建筑垃圾处置后的再生砖铺设（图 5-4-6）。

图 5-4-6　北京建工展园效果图

7. 京彩未来花园展园

展园面积：700 平方米

设计主题：以企业最优质特色苗木、最高品质工程技术为基础，以智慧生态景观创新为特色，表现企业核心价值观的精品展园。展园还采用下沉式设计，选用新型环保、透水材料为主材，展现海绵城市理念（图 5-4-7）。

图 5-4-7　京彩展园效果图

8. 首开展园

展园面积：1400 平方米

设计主题："打开的折页"，以"开"字来展现首开"开拓 开明 开放"的开发精神。建筑整体采用了钢结构的建筑体系，面向庭院的中心景观面选用了建筑材料回收加工的再生石材为装饰景墙。庭园运用地形结合种植的方式，围合场地，营造相对私密的"山林"感受，造型松结合几何形地形，赋予景观传统与现代的碰撞，布置了儿童的参与性互动跳泉以及海绵系统展示，玩赏景观的同时，增强科普性（图 5-4-8）。

图 5-4-8　首开展园效果图

9. 丰享国际展园

展园面积：1050 平方米

设计主题：以动画为表现形式，普及园艺知识，传播园艺文化，共创绿色美好的未来生活。展示区、观影互动区、景观平台及休闲游乐区融为一体，穿插互动游戏等休憩的内容，让央视动画馆真正成为让孩子们可亲近、可玩耍、可探索的乐园（图 5-4-9）。

图 5-4-9　丰享国际展园效果图

10. 顺鑫展园

展园面积：2800 平方米

设计主题：北园"鑫天地"为顺鑫的企业文化及发展领域展示区。东园"鑫"园居，以"流觞图""耕读圃""药草园"三个典型的传统园居场景为主题，运用现代材料技术与空间设计营造今日舒适、便利、高效且富有情趣的花园空间。南园"鑫味道"，是顺鑫产品体验区（图 5-4-10）。

图 5-4-10　顺鑫展园效果图

11. 云南鑫通展园

展园面积：1260 平方米

设计主题：结合云南特色植物三角梅及特色建筑形式，展示企业与世博会、世园会的不解之缘，以及“彩云之南、万绿之宗”美丽西双版纳特有的普洱茶、咖啡、保鲜花等特色产品（图 5-4-11）。

图 5-4-11 云南鑫通展园效果图

12. 北京园林集团展园

展园面积：1600 平方米

设计主题：采用花庭、乐庭、山庭的“三庭”布局进行园艺价值的多维度诠释以及园艺产业成果融合的多方位展示，花庭以国庆庆典花篮为重要景观，乐庭以童乐广场为主体，山庭以松石叠翠为主景（图 5-4-12）。

图 5-4-12 北京园林集团展园效果图

13. 盛世润禾榆树展园

展园面积：9900平方米

设计主题：以场地中的榆树为依托，连接花与茎，叶与干，共分为9个文化展区，称为“榆树九境”，分别为入、引、器、游、探、隐、幽、赏、合。全园以榆树的种植为主线，搭配小乔木、花灌木、时令花卉等，实现乔灌草结合的群落类型，可观花、观果、观叶、观形，呈现榆树历史文化，谈榆树之美（图5-4-13）。

图5-4-13　盛世润禾榆树展园效果图

14. 胖龙丽景世博谧园

展园面积：22575平方米

设计主题：遵循自然生态环境中植物生长特质与适应性，科学展示浓缩自然景观中植物群类和谐组织的精彩表现。园区分为入口广场、中心广场、植物体验园、专类植物组景园、主景园、文化园、生活园等几大板块（图5-4-14）。

图5-4-14　胖龙丽景世博谧园效果图

15. 纳波湾月季展园

展园面积：13500 平方米

设计主题："艳丽与心灵交融"。月季为北京市花，也是纳波湾企业的核心产业，园区设计以展示月季各色品种为切入点，通过景观与建筑设计形式的处理手法来展现纳波湾企业文化与生物科技成果，为来宾及赏园游客提供一处赏心悦目的园艺博览地（图 5-4-15）。

图 5-4-15　纳波湾企业展园效果图

16. 蒙草展园

展园面积：9450 平方米

设计主题：整个展园设计分为人对自然的理解、与自然和谐共生、动植物的保护三个部分。第一部分以主体建筑为核心，采用"看不见"的形式，来诠释建筑与自然的关系，与地形相接，将建筑隐匿于园区整体绿化环境之中。第二部分以山体修复、海绵城市、河流湿地、山林和花田、湖泊和草原的方式来呈现"山水林田湖草是一个生命共同体"的核心理念。第三部分以恢复原生混交林、异龄林、复层林为基底，旨在营造自然生态的动物栖息地（图 5-4-16）。

图 5-4-16　蒙草展园效果图

第五节　专类展园

1. 果树专题展园

展示主题：乐果，乐活，乐世园

展园面积：66000 平方米

展示特色：从果林景观、果艺发展、传统文化、乐活体验四个层面进行展示内容设计，分别展示了 10 大类、100 多个果树品种。花映春晖区主要收集展示桃树、李树等观赏果树；果香满夏区收集展示以杏、樱桃为主的果树品种；暑味余甘区主要收集展示以苹果、枣、柿为主的果树品种；珍露润秋区主要收集有梨树等果树品种；嘉实冬藏区主要收集展示栗子、葡萄等观赏果树；果趣园将各种趣味互动装置与果树园艺科普结合，为儿童活动提供宽敞的空间（图 5-5-1）。

图 5-5-1　果树专题展园效果图

2. 蔬菜专题展园

展示主题：创艺农场、乐享家园

展园面积：33000 平方米

展示特色：共有八大功能组团，在空间和时间中展现蔬菜与人类的关系，从过去、现在到未来，从自然、田园到城市多维度进行融合性、体验性展现。包括中心的乐享家园组团、四周的场景化（森林、沼泽、荒漠、草原）蔬菜演绎组团和田园庭院组团，演绎人类从多样性自然环境中发现和认知蔬菜的过程，展现植物从过去到现在的演化历程。另外，在田园庭院组团中，设置若干典型田园庭院、阳台样板，展现出多形态的田园风貌，呈现蔬菜园艺今天与人们的紧密关联（图 5-5-2）。

图 5-5-2　蔬菜专题展园效果图

3. 药用植物专题展园

展示主题：传承本草文化，引领健康生活

展园面积：33000 平方米

展示特色：以“草”为脉，以阴阳五行文化为灵感来源，精心营造出与木、火、土、金、水对应的五大创意空间展区，设计多个古风今韵、天人合一的药用植物景观。在木之春——百草归真区，百草山恍若桃源仙境，芳草碧连、落英缤纷，沿百草径拾级而上，大有林中采药、曲径通幽之感；在火之夏——本草药苑区，以药食同源的四气五味植物共同打造成精致小花坛；在土之夏——名草温室区，培育众多珍稀的南方药用植物供游客赏玩；在金之秋——药草成材区，传统中药炮制工具以雕塑艺术手段呈现于浮雕墙上，为游客展示丰富的中医药知识；在水之冬——水生植物区，有玄湖一泊，取“济世悬壶”之意，以自然草坡入岸，在开阔水域种植泽泻、菖蒲、莲等水生药用植物，借助跌水山石体现灵动之美（图 5-5-3）。

图 5-5-3　药用植物专题展园效果图

第六节　其他展园

2019 北京世园会园区除国际展园、中华展园、设计师展园、企业展园、专类展园外，还规划设计了儿童展园、北京市属 16 区立体花坛等展览展示场地。儿童展园总面积约 8500 平方米，将儿童游乐设施、趣味体验互动与园艺主题相结合，在 2019 北京世园会园区内为儿童提供专门的活动与体验场所。北京市属 16 区立体花坛沿园艺产业发展带布置，是市属各行政区对北京世园会的献礼，通过立体花坛的方式，展示北京在园艺产业发展上的成就。此外还有长城葡萄酒展园、移动花房等特色园艺展示。通过社会参与，协同办会的方式共同组成 2019 北京世园会丰富多彩的室外展览展示内容，弘扬绿色发展理念、彰显生态文明成果、推动园艺及绿色产业发展，举办一届独具特色、精彩纷呈、令人难忘的世园会，建设生态文明先行示范区和美丽中国展示区。

第六章

园区基础设施

北京世园会市政基础设施工程是世园会顺利运行的重要保障，市政基础设施是园区内各大场馆、展园、配套设施及园艺小镇等片区交通及能源需求的重要载体，同时也是保证园区提供舒适的游览体验的物质基础。

1. 交通

园区内交通系统采用人车分流，道路空间尺度小型化，配合景观设计种植的高大乔木，营造林荫绿道的效果。世园会运营期间，园区内主要通行电瓶车及不同时段的花车巡游，均为清洁型能源车辆。电瓶车站等交通设施与公共绿地空间采用一体化设计，路内的电瓶车站与绿地内乘客候车休息空间相协调，人行道与绿化景观及园艺小品相协调。同时园区建设时还采用区域内土方利用、现有沥青混凝土的再生利用、采用环保透水材料填充树池、现况桥利用等环保措施。

2. 供电

虽说此届博览会为园艺博览会，但电力工程却成为展会最为重要的一环。世园会不但要展示各国生态文明发展成果，同时也要展示园林园艺与科技结合的成果，此时电力供给成为最大的需求。为了保障园区及外围供电网络安全运行，园区上级电源采用双电源供电，设置配电室及箱变 30 余座，建设电缆管井约 8.5 公里，敷设电缆总长 70 余公里；配电室内变压器均采用一用一备或两用两备形式，单台变压器故障或检修过程中，另一台变压器可带起全站负荷。

3. 气热

为了贯彻“绿色生活,美丽家园”的世园会主题,其用能理念充分体现可再生能源利用 + 多能互补，为园区内供冷、供热。冬季供暖采用深层地热 + 浅层地热 + 水蓄能 + 调峰锅炉，夏季制冷采用浅层地热 + 水蓄能 + 调峰电制机。其中地热井 2 眼，采用梯级利用的手段，深层地热水温度较高，先利用换热器直接交换二次水后为建筑供热，然后进一步利用热泵机组提取热交换后的地热水的热能，二次利用后，再将地热尾水回灌，尽可能做到取热不取水，以保护地下水资源。园区内能源站的可再生能源利用率在 60% 以上。

4. 管廊

为秉持“生态优先、师法自然，传承文化、开放包容，科技智慧、时尚多元，创新办会、永续利用”的园区设计理念，园区中还沿主干道路建设了综合管廊，除排水管道以外，其余管道均可入廊。综合管廊能够有效保障市政管线的日常安全管理和应急维修，避免频繁“开膛破路”，并具有更好的防灾性能，有效保证园区内能源供给安全。管廊还配置附属设施，涵盖运行控制中心、监控、通风消防、照明、排水、安全防范等相关系统，实时采集管廊内系统的运行数据，由操控人员远程控制管廊内的所有电子设施，实时监控各类突发状况。

5. 供水

（1）小市政给水

水源：由市政管网或市政管廊预留阀门井接出，为园区内建筑生活用水、消防用水提供保障。

系统：根据各用水单位的布点、需求以及园区内消防要求，沿园区主要道路布置*DN*200环状管网，按照不大于120米的间隔布置室外消火栓。当市政水压无法满足用水单位要求时，需自行考虑加压设备。

（2）小市政中水

水源：由市政管网或市政管廊预留阀门井接出，为园区内建筑冲厕用水、景观水体补水、绿化灌溉用水提供保障。

系统：根据各用水单位的布点、需求以及园区内灌溉要求，沿园区主要道路布置*DN*200枝状管网。当市政水压无法满足用水单位要求时，需自行考虑加压设备。

灌溉方式：针对公共绿地内立体花柱、异形花坛、道路隔离绿地、天田北坡等区域，由于根系分布和深度的不同以及需水方式和灌水频率的不同，采用铺设滴灌管的形式。

其余公共绿地采用浇喷结合方式。绿地浇灌采用快速连接阀（中水型）。喷头采用地埋旋转型。控制系统采用无线自动方式，由无线电池接收器、编程器、直流电磁阀组成。

（3）小市政污水

园区内采用污废合流，以重力流为主，个别低洼处采用加压提升。各个排污点需通过小型污水设施处理后排入污水管网。

（4）小市政雨水

将自然途径与人工措施相结合，在确保城市排水防涝安全的前提下，最大限度地实现雨水在园区的自然积存、渗透和净化，建设“海绵园区”。

系统：

1）雨水通过草沟、旱溪、砾石沟、线形收水沟等不同收集方式排入汇水终端（水体）；

2）为了保障水体水质，雨水进入水体设置了沉砂池等初效过滤方式；

3）围栏区场馆建设用地应采取雨水控制与利用措施，减少雨水外排量，降低径流污染，加强雨水回用；

4）下凹绿地率不小于50%，道路广场透水铺装率不小于70%；

5）雨水年径流总量控制率不低于90%。

（5）水体循环

为了保证园区水质，在与园林水景相结合的前提下，设置了一些曝气、推流等利于水动力恢复的措施。

主要循环系统：

1）妫汭湖与西北侧大湿地的循环；

2）妫汭湖与中华展园小湿地的循环；

3）妫汭湖与永宁阁南侧大瀑布之间的循环。

后　记

2014 年，在园区规划之初，规划设计团队便对区域生态环境进行了全面深入的分析。通过广泛的场地调研，评估了机遇和挑战；通过多专业合作，保障了规划设计的有效实施；通过先进的工具和技术应用，提升了工程的精准度。

为贯彻“生态优先”的理念，尊重园区场地已有的自然生态环境，防止建设性破坏，充分利用现状植被资源，构建绿色生态大本底，进行了现状生态保留研究，专门研究园区内哪些元素必须保留下来。其一，林荫道路是必须保留的，于是有了“林荫下的世园会”；其二，现状的鱼塘是必须保留的，于是有了核心景观“妫汭湖”；其三，现状的洼地是必须保留的，于是依托这些低洼地自然地实现了海绵园区。我们的规划就是这样，让自然发力，让自然做功，最终在自然本来的基础上，谨慎布置建筑和道路。

规划设计团队将绿色理念彰显于各个角落，值得一提的是生活体验馆建设过程，串联在场地内一条南北走向的原生柳荫路，给团队上了一节生动的设计施工课——如何将现状树木保护好。设计之初，设计团队依托柳荫路，参考传统北方村落尺度，将柳荫路两侧的建筑适当拉开，道路适当放宽，为柳树留出更大的生长空间及施工作业面。然而，随着施工的推进现场发现建筑基础距离柳树根系太近，施工遇到瓶颈。为此，设计师与施工单位共同努力，多次调整建筑基础位置大小，修改 CFG 桩，换用小型机械施工，甚至采用人工剔凿的方式最终解决了这一问题……但接踵而来了另一个问题：柳树标高低于周边场地标高，处于一个积水洼地。面临已施工部分的拆改及造价增加与现状柳树处积水导致树木死亡的情况，经过 2 个多月的多次协调会议与反复论证，最终决定适当降低图纸标高，场地排水重新设计，组织专家会讨论抗浮水位可行方案，个别柳树池进行架空设计。直至今日，几十棵旱柳树无一死亡，依然郁郁葱葱，生机勃勃。

规划设计团队中有年迈的孟兆祯院士，在轮椅上踏勘现场，传承造园思想，提出在全园制高点建永宁阁的构想。有崔愷院士先后多次亲临中国馆工地，解决各种工程问题，2018 年植树节，赴现场选定幕墙样板，并在中国馆前种下一棵松树；2018 年最后一天，崔院士更是冒着摄氏零下十几度的严寒去工地现场办公，指导室内装修。同时，也有年轻的设计师们，从 2014 年至今，始终奋斗在第一线，反复研究工法，反复核算造价，反复磨合沟通，在这五年里与世园会共同成长，等待绽放。

规划设计团队对绿色生活和美丽家园的共同追求，坚持不懈的努力，使 2019 北京世园会传递了一份对自然的积极态度，呈现了一场世界性的园艺盛宴。

2019 年 02 月 28 日